QUÍMICA para TODOS

by Suzanne LAHL Ph.D.

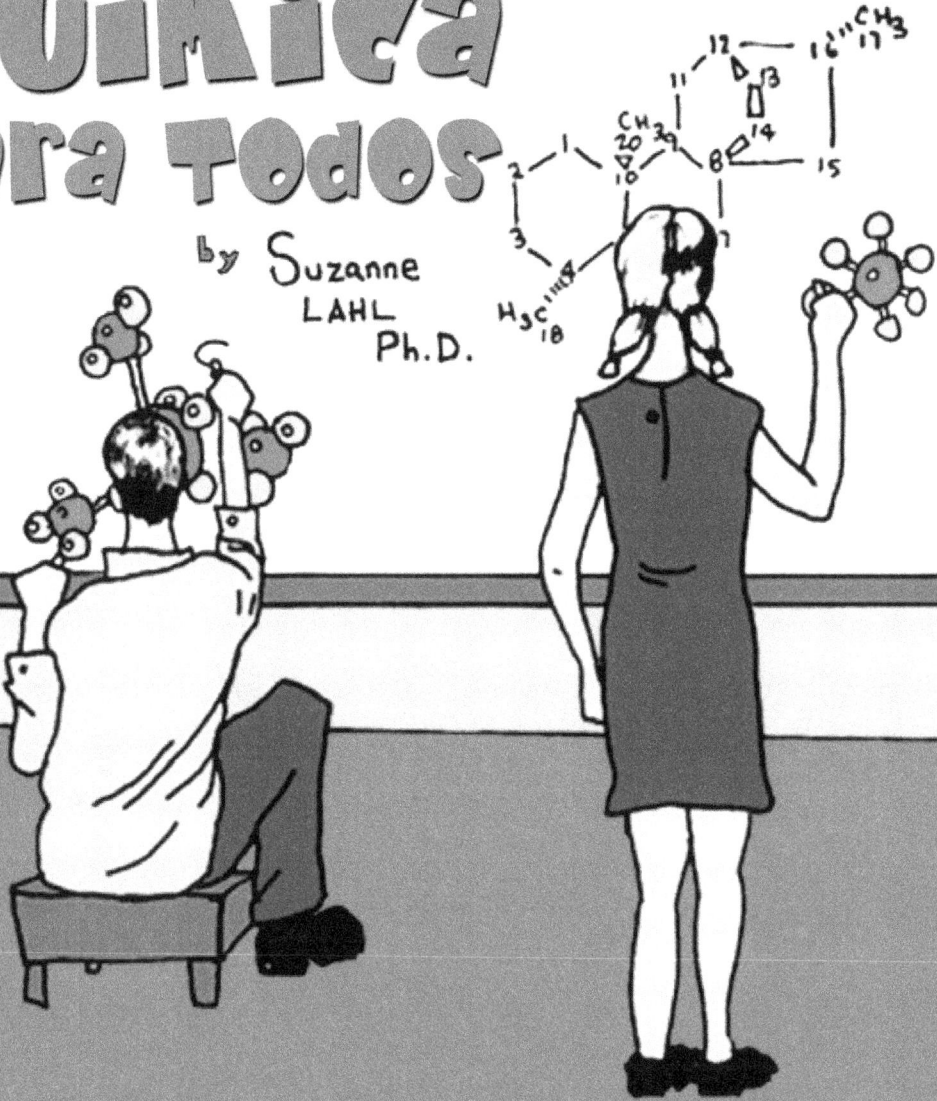

Un Manual de Ayuda para Estudiantes de Secundaria

Illustrations by Cris Qualiana

ISBN-13: 9780615903903

Tabla de contenido

Prefacio V

Introducción: Panorama general VII

Capítulo uno: Datos prácticos para hacer las tareas de química y
    rendir pruebas 1

    Capítulo uno: Preguntas de repaso 5

Capítulo dos: El átomo y la tabla periódica 7

    Los antiguos griegos 9

    Escala 10

    Modelos de átomos y moléculas 11

    La tabla periódica 15

    Capítulo dos: Preguntas de repaso. 18

Capítulo tres: Notación científica 21

    Números grandes 22

    Números pequeños 23

    Capítulo tres: Preguntas de repaso 25

Capítulo cuatro: Cómo usar la calculadora. 27

    Números extremadamente grandes 29

    Números extremadamente pequeños 30

    Capítulo cuatro: preguntas de repaso 31

Capítulo cinco: Cifras significativas. 33

    Las cifras significativas en la suma y la resta 36

    Cifras significativas en la multiplicación y la división 37

    Capítulo cinco: Preguntas de repaso. 39

Capítulo seis: El mol y la molaridad. 41

    El mol. 41

    Molaridad. 43

    Capítulo seis: Preguntas de repaso 45

Capítulo siete: Unidades y conversiones 47

    Unidades 47

    Conversiones. 48

    Capítulo siete: Preguntas de repaso 54

Capítulo ocho: Acidez y basicidad 55

    Capítulo ocho: Preguntas de repaso 59

Capítulo nueve: La ley de los gases ideales 61
    Cómo resolver los problemas de gases ideales 62
    Presión y volumen (PV = nRT) 63
    Temperatura (PV = nRT) 65
    Número de moles (PV = nRT) 66
    Capítulo nueve: Preguntas de repaso 67

Capítulo diez: Solubilidad 69
    Capítulo diez: Preguntas de repaso 72

Capítulo once: Enlaces químicos 73
    La regla del octeto 74
    Enlaces 76
    Enlace iónico 77
    Enlace covalente 79
    Enlace de hidrógeno 80
    Enlace metálico 80
    Capítulo once: Preguntas de repaso 82

Capítulo doce: Reacciones químicas 83
    Capítulo doce: Preguntas de repaso 87

Epílogo 89
Para comunicarse con la autora 89
Apéndice 90
    Otras lecturas recomendadas: 90
Abreviaturas 91
Glosario 92
Bibliografía 97
Sobre el autor 99
Índice 100

Prefacio

Decidí escribir este libro ya que, cada vez que digo que soy química, casi siempre hay alguien que dice algo como, "¡vaya!, qué bien por ti, ¡a mí nunca me gustó la química!". La verdad es que me molesta, no porque sienta la necesidad de defender mi profesión, sino porque me parece que es una pena que tantas personas piensen así respecto a la química y la ciencia en general. La ciencia se aplica de muchas maneras en nuestra vida diaria, aprenderla debería ser interesante e importante. No me parece que la ciencia deba ser una sociedad secreta donde solo algunos elegidos son capaces de comprender, aunque solo te interese aprobar la asignatura de química y no volver a retomarla jamás, siempre podrás obtener algún beneficio. Además, si después decides que te gustaría ahondar más en la ciencia, te será muy útil tener conocimientos sólidos sobre los conceptos básicos. Pienso que todas las personas deberían aprender, por lo menos, los aspectos básicos de la química, del mismo modo en que aprenden a sumar y a restar.

Cuando estaba en séptimo grado, quise aprender a tocar la flauta. Me inscribí y tomé lecciones personalizadas con el director de la banda de la escuela. Pero sin importar cuán duro lo intentara, simplemente no podía lograr que saliera música del instrumento. Lo mejor que podía producir era una especie de sonido ventoso y agudo. Después de algunas semanas de vanos intentos por enseñarme a tocar, el profesor de música me pidió que comprara el libro *Breeze-Easy Method for Flute* (Método fácil para tocar la flauta). Para la mayoría de niños con un poco de talento, el libro hubiese sido un insulto, ya que era muy básico. No obstante para mí, fue de mucha ayuda por la forma en que detallaba y explicaba todo muy claramente. En el libro había muy buenas fotografías que mostraban la forma de poner los labios en la flauta y el espacio exacto que debía dejar entre mis labios para tocar el instrumento. De pronto fui capaz de aprender a tocar, a pesar de que no tenía mucho talento y solo intentaba aprender lo básico, aprobar la clase y quizá obtener algo de apreciación musical.

Muchos de ustedes pueden haber pasado por la misma experiencia que yo pasé con la flauta en sus clases de ciencia. Se acumula tanta información y con tanta rapidez que los conceptos tienden a escaparse. Entonces, recurrimos a la memorización de ecuaciones y hechos con la esperanza de obtener los conocimientos suficientes para aprobar la clase. Puede que esto funcione hasta cierto punto en la escuela primaria, pero habitualmente cuando te enfrentas a las asignaturas de biología y química en la enseñanza secundaria, la memorización ya no es suficiente porque se requiere un aprendizaje mucho más profundo. La resolución de problemas y la comprensión de conceptos adquieren mucha importancia. En la escuela secundaria y la enseñanza superior se hace especial hincapié en el aprendizaje y la aplicación de los conceptos y, si no te esfuerzas, se verá reflejado en las calificaciones. Por desgracia, también podría causar aversión y recelo por todo lo relacionado con lo científico, lo que claramente es perjudicial.

Este libro está escrito principalmente para los estudiantes que ya han tenido problemas con la ciencia y ahora están por tomar una clase de química o ciencias naturales. El libro tiene la finalidad de entregar una introducción amigable a la materia, que idealmente deberías leer durante el verano para que tengas una comprensión de los conceptos antes de comenzar las clases. Y, naturalmente, puede usarse como referencia durante todo el año.

Asimismo, según mi experiencia con adultos, pienso que mucha gente olvida gran parte de lo aprendido en las clases de ciencia de la secundaria, que a su vez es el último lugar donde la mayoría recibe formación científica, salvo, claro está, que decidan estudiar ciencia en la enseñanza superior. Muchas veces pienso que las personas no se dan cuenta de que la química, la biología y la física forman parte de su vida cotidiana. He hecho todo lo posible por relacionar los conceptos de química con los distintos elementos de la vida cotidiana para que sea más fácil recordarlos.

Estaré muy agradecida si me puedes informar cuánto te ayudó este libro, una vez que hayas finalizado el curso formal. Puedes encontrar la información de contacto en el apéndice. ¡Espero que lo disfrutes!

Introducción:

Panorama general

"¿Cuándo volveré a utilizarlo?"

Debo admitirlo, es probable que nunca tengas la necesidad de comprender cómo producir un compuesto químico. Pero sí es muy probable que un día llegues a necesitar *algo* de lo que aprendiste en clases de química. Si conoces los conceptos, al menos puede hacer que la vida sea más interesante, ya que sabrás más acerca de tu entorno.

Comencemos con la química como un todo. ¿Qué es lo que haremos con la química? Bueno, primero que nada, lo que queremos es intentar comprender el mundo que nos rodea, las cosas que vemos, tocamos y utilizamos, ¿de qué están hechas? ¿De qué manera interactúan entre sí? ¿Cómo funciona tu cuerpo?

En segundo lugar, gracias a la química podemos utilizar las cosas que nos rodean para mejorar nuestras vidas. Por ejemplo, el plástico. Hace un siglo no existía el plástico: no había un material barato, liviano y resistente que pudiese moldearse para darle la forma que quisiéramos. Tallar la piedra y la madera es demoroso, además, los otros materiales como la arcilla o el vidrio son frágiles y pesados. Sin la ciencia de la química, ni siquiera tendríamos la oportunidad de crear materiales nuevos y mejores como el plástico, que nos facilitan y mejoran la vida.

Piensa en los tubos de plástico que se utilizan en los hospitales, las prótesis ortopédicas, los frascos de aspirina con sello de seguridad y los controles de los videojuegos. Todos se crearon con polímeros que se diseñaron para estos fines específicos.

O el desodorante, piensa en lo desagradable que sería viajar en un avión o un autobús lleno de gente si no existieran los antisudorales o el jabón perfumado. Todos estos productos se crean mediante reacciones químicas.

Para poder estudiar química (o cualquier otra ciencia), es necesario aprender lo que otros han hecho antes y lo que han creado con eso, de manera que no tengas que comenzar de cero. Estas son algunas de las cosas básicas que aprenderás en las clases de química de la enseñanza secundaria:

- Cómo realizar mediciones correctamente (cifras significativas, moles, unidades)
- Qué elementos conforman nuestro entorno y cómo se comportan (la tabla periódica, los enlaces químicos)
- Qué sucede cuando haces reaccionar una sustancia química con otra (moles, enlaces químicos, ácidos, bases)
- De qué manera se aplican estas herramientas (reacciones químicas)

Estas herramientas son útiles para comprender y utilizar la química. Los conceptos pueden resultar abrumadores si no tienes experiencia previa con ellos, este es el motivo por el que diseñé este libro para que lo leas durante el verano antes de comenzar las clases de química. En ocasiones, dejar más tiempo para que los conceptos se "asienten" puede ser una verdadera ayuda para tus calificaciones.

Mi deseo es que tengas una experiencia distinta a la mayoría de los estudiantes (incluida yo), que aprenden cada concepto por separado, resuelven los problemas y rinden las pruebas sin tener una visión del panorama general hasta varios años después, si es que llegan a tenerla. En mi caso, esto recién sucedió cuando estaba en la escuela de posgrado.

Abajo verás un diagrama con algunos de los conceptos que aprenderás en este libro y la forma en que se relacionan entre sí. Este diagrama se repite al comienzo de la mayoría de los capítulos para que lo tengas siempre presente.

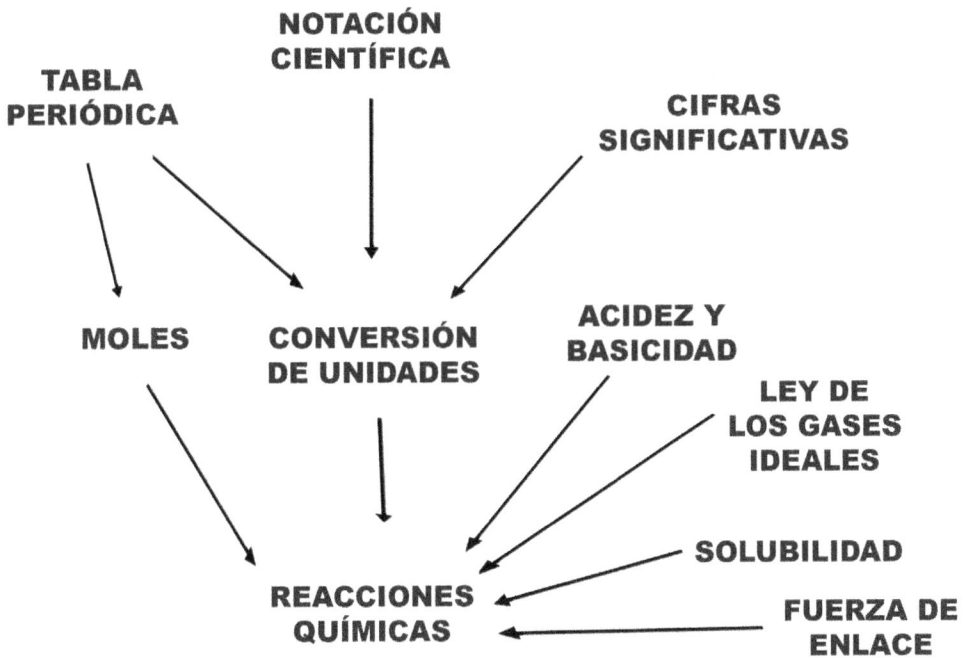

Esta es la explicación de la utilidad de cada parte:

- **Tabla periódica:** se utiliza a modo de herramienta para consultar las propiedades de los elementos, tales como los números de electrones y los pesos moleculares.
- **Notación científica:** se utiliza a modo de herramienta como ayuda para manejar números extremadamente grandes o extremadamente pequeños.
- **Cifras significativas:** se utilizan para cerciorarse de que las mediciones conserven su nivel de precisión original.

- **Moles**: te ayudan a recopilar la enorme cantidad de átomos y moléculas que participan en una reacción típica en unidades que se pueden manipular más fácilmente.

- **Conversiones de unidades:** herramienta que te ayuda a convertir de una unidad de medida a otra equivalente y comprender la cantidad de producto que puedes obtener de una reacción.

- **Acidez y :** conocer estas propiedades te permite obtener información sobre una molécula con el fin de predecir el resultado de una reacción.

- **Ley de los gases ideales:** te permite calcular las cantidades de reactivo y producto cuando uno o ambos están en forma gaseosa.

- **Solubilidad:** te ayuda a elegir el solvente correcto para tu reacción.

- **Fuerza de enlace**: te da una idea de la cantidad de energía que se libera cuando se produce una reacción.

- **Reacciones químicas**: este concepto reúne todo lo anterior. Si llevamos a cabo una reacción, quiere decir que estamos usando la química para crear cosas nuevas. Si estudiamos una reacción que se produce en la naturaleza, podemos entender de mejor manera el mundo que nos rodea o incluso nuestro propio cuerpo.

Cómo funcionan en conjunto todos los elementos anteriores:

1. La fuerza de enlace junto con la acidez y te permiten determinar si una reacción química planificada va a reaccionar realmente.

2. Cuando decides llevar a cabo una reacción, la información de la solubilidad te permite elegir el solvente correcto de modo que todo se disuelva.

3. La tabla periódica, la ley de los gases ideales, los moles y la conversión de unidades se utilizan para medir la cantidad necesaria de cada reactivo para obtener la cantidad correcta de producto.

4. Cuando realizas tus cálculos, la notación científica y las cifras significativas te ayudan a obtener una respuesta precisa.

Deseo que todos los estudiantes que piensen tomar química o ciencias naturales que lean este libro, aprendan de antemano algunos de los conceptos más importantes para que puedan avanzar sin dificultades durante el año escolar a medida que se vayan agregando nuevos conceptos y ecuaciones. Ya has dado un primer paso hacia el éxito al encontrar este libro, espero que continúes leyéndolo.

Capítulo uno:

Datos prácticos para hacer las tareas de química y rendir pruebas

McHUMOR.com by T. McCracken

"En realidad, no hay por qué confundirse.
La parte 95 de la sección 33 del artículo Q
de la fórmula, dice claramente que…"

En este libro no te daré problemas para resolver, salvo preguntas de repaso de los capítulos, ya que podrás encontrar muchísimos problemas en los libros de texto o bien, los que te dé tu profesor. Este libro está pensado como una introducción a los conceptos básicos y lo que menos quiero es abrumarte. Cuando hayas terminado este libro, en el apéndice podrás encontrar algunos libros por si estimas que necesitas mayor preparación. Mi intención es proporcionarte ayuda para realizar los problemas en general (gran parte también te servirá para otras asignaturas, no solo química).

Aquí te entrego un consejo que yo recibí demasiado tarde, no cuando realmente podría haberlo utilizado. Cuando estés resolviendo un problema de química, la mejor forma es hacer un intento valiente por resolverlo y *tratar de llegar a algún tipo de respuesta, aunque estés completamente seguro de que es la respuesta equivocada.* Después de que hayas escuchado las clases y revisado la información de tu libro de texto, intenta resolver los problemas que te han asignado. Si el profesor entrega las respuestas antes de tiempo, entonces pon la clave de la respuesta en otro lugar de la sala (o en la sala contigua si no puedes resistir la tentación) y no veas la solución correcta hasta que hayas anotado en tu cuaderno la respuesta a la que llegaste por ti mismo. ¡Tampoco busques pistas en el libro de texto!

En ocasiones, esto implica sobreponerse a un sentimiento de frustración e incluso de desesperación, esos momentos en que sientes ganas de decir "¡ni siquiera sé por dónde empezar!". Es normal; está bien simplemente adivinar la ecuación o el proceso, escribir algunos números y llegar a un resultado. Acostúmbrate a ensayar resultados en tus tareas aunque estén incorrectos, y deja espacio en el papel para volver a trabajar en el problema una vez que veas la respuesta correcta.

Una vez que llegues a *tu* respuesta, puedes consultar la respuesta correcta o buscar ayuda en tu libro de texto si no tienes las respuestas a mano. Ve si lo hiciste bien (¡excelente!) o busca dónde te equivocaste. Naturalmente, si no puedes comprender qué fue lo que hiciste mal, debes revisar el material con tu profesor hasta que lo entiendas bien.

No sé exactamente por qué funciona, pero mis estudiantes siempre me han dicho que es así. Creo que tiene que ver con que recordamos más nuestros errores que nuestros aciertos. Es verdad que puede ser demoroso, pero vale la pena cuando llegas al examen y puedes enfrentar de mejor manera dichos problemas porque estás preparado. Ya has encontrado todas las dificultades en los cálculos y has identificado tus puntos débiles en las matemáticas. En muchas ocasiones, puedes comprender perfectamente la química pero cometes pequeños errores en los cálculos matemáticos que te hacen perder puntos, especialmente si te encuentras con un profesor que no otorga créditos parciales.

Otro dato práctico que podría ayudarte en caso de que tengas problemas para comprender algo que aparece en el libro, es buscar los términos en el índice de tu libro de texto de química o en Internet. Sé que parece obvio, pero muchos no lo hacen y solo se confunden cada vez más a medida que realizan la lectura asignada. También te sugiero que uses el glosario y el índice de este libro según sea necesario.

Debo volver a insistir que debes *hacer* los problemas para obtener buenas calificaciones en química. Puede resultar tentador pensar que con solo memorizar los conceptos bastará, pero no es el camino correcto para obtener buenas calificaciones. Si te quedas sin problemas para resolver, estoy segura de que tu profesor estará encantado de asignarte más.

Si el profesor te entrega pruebas de ejemplo, ¡tanto mejor! Realiza la prueba de ejemplo de una sola vez, unos días antes de la prueba real. Déjate el mismo tiempo que tendrás en clase para rendir la prueba y no consultes tus apuntes, tal como si fuera la prueba real. Cuando hayas terminado, toma un descanso y luego califica el resultado de la prueba. Este ejercicio te indicará los conceptos que debes volver a repasar y también cuáles son tus puntos fuertes. Cuando debas rendir la prueba real lo mejor es que comiences con las preguntas con las que te sientas más seguro, luego, dedica el resto del tiempo a aquellas que tuviste que repasar después de rendir la prueba de ejemplo.

No debes culpar al profesor por tus calificaciones si no haces tus tareas. El trabajo del profesor es presentar los conceptos y enseñarte a hacer los problemas. Tu trabajo es practicar los problemas, para que así, los conceptos se consoliden en tu cabeza. Ambos deben realizar su trabajo para que puedas obtener buenas calificaciones. Muchos problemas de química son complicados y debes acostumbrarte a lidiar con las dificultades más comunes, como los simples errores de matemáticas y la confusión entre el signo positivo y el negativo. Cuando haces problemas para practicar, puedes asegurarte de entender estos problemas a tiempo y ser capaz de corregirlos antes de la prueba.

Hay un libro de Adam Robinson que es excelente, se llama *What Smart Students Know: Maximum Grades. Optimum Learning. Minimum Time (Lo que los estudiantes inteligentes saben: Máximas Calificaciones. Aprendizaje óptimo. Menos tiempo.)*. Recomiendo especialmente este libro, sobre todo si tienes tendencia a ponerte nervioso con las pruebas o en ocasiones te quedas en blanco durante un examen. Muchos estudiantes muy inteligentes pasan por esto, estudian muchísimo pero no obtienen buenas calificaciones por culpa de los nervios y la ansiedad. Este libro te ofrece estrategias para que organices tu tiempo durante las pruebas, además de ensayos de pruebas y otros. Repito, si quieres practicar estas técnicas, usa los problemas del libro de la escuela o de los libros que recomiendo en el apéndice.

Para algunos estudiantes, los dos primeros capítulos de este libro pueden ser un repaso, por lo que puedes saltártelos si estás seguro de tus conocimientos sobre los átomos, las moléculas y la notación científica (especialmente si ya has tomado ciencias naturales). No quiero aburrirte. Sin embargo, te sugiero que de todas maneras des una mirada a estas secciones a modo de recordatorio o por si encuentras algo que todavía no has visto.

Capítulo uno: Preguntas de repaso

1. ¿Cuál es la mejor manera de realizar los problemas de química que te asignan de tarea cuando ya te han dado la respuesta? ¿Por qué crees que funciona este método?

    _____

    _____

    _____

    _____

2. ¿Cuáles son los dos lugares donde puedes buscar las respuestas si no entiendes algo en la clase de química o en tus tareas?

    _____

    _____

    _____

    _____

Capítulo dos:

El átomo y la tabla periódica

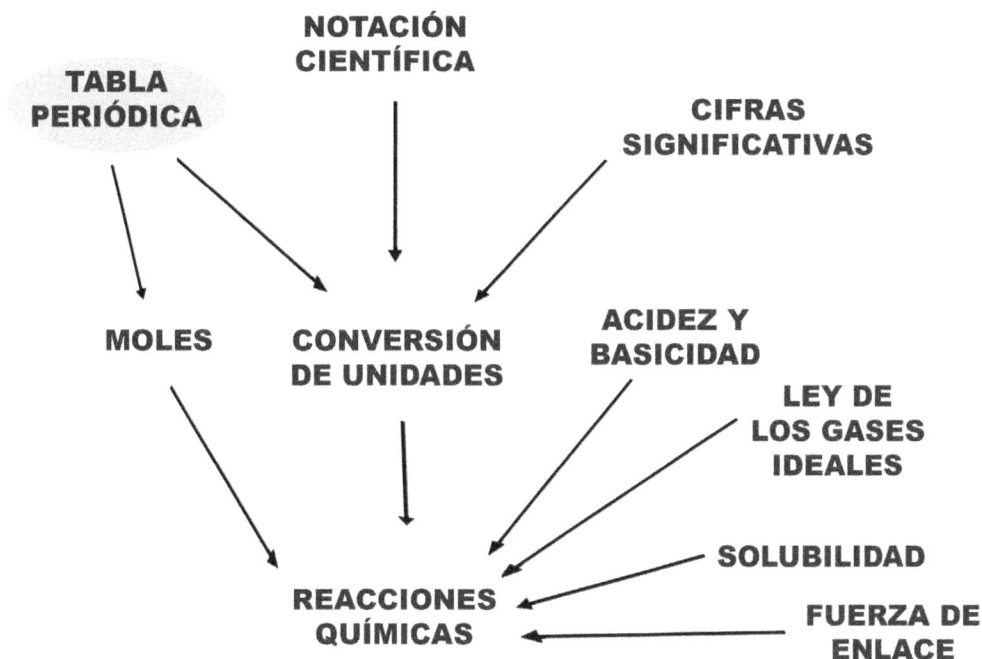

El principal motivo para estudiar química es comprender cómo se comporta la materia, es decir, todo lo que nos rodea. Esto quiere decir, por ejemplo, la silla en las que estás sentado, ¿de qué material está hecha? Si tuvieras que construir una silla, ¿cómo averiguarías si el material del que está hecha soportará tu peso?

Antes de que existiera la química, esto se hacía básicamente realizando pruebas de ensayo y error; es decir, si fabricabas una silla y se rompía cuando alguien se sentaba, hacías la siguiente silla de otro material y así sucesivamente hasta descubrir qué material era el mejor. Luego, traspasabas ese conocimiento a tus hijos o aprendices, y ellos continuaban fabricando sillas de madera, metal o lo que fuera. ¿Tu silla es de plástico? El plástico existe hace menos de un siglo. ¿De dónde provino? ¿Cómo se descubrió la forma de fabricarlo?

La química estudia las cosas a nivel *atómico[1]* o *molecular[2]*, de manera que podamos determinar las propiedades básicas de un material y luego, comprender cómo fabricar artículos en un nivel más amplio. Esta forma de estudiar las cosas se denomina nivel *micro*. Mi objetivo es que puedas visualizar el mundo que te rodea a nivel micro. Esta forma de pensar puede ser novedosa para algunos de ustedes y es muy valiosa para cuando tienes que estudiar química. Observa la silla en la que estás sentado. Está formada por moléculas y, si es de plástico o madera, estas moléculas se denominan polímeros. A nivel micro, los polímeros son como pequeños hilos de espagueti (*realmente* pequeños, lo explicaré en un momento) que están adheridos entre sí para formar una materia sólida.

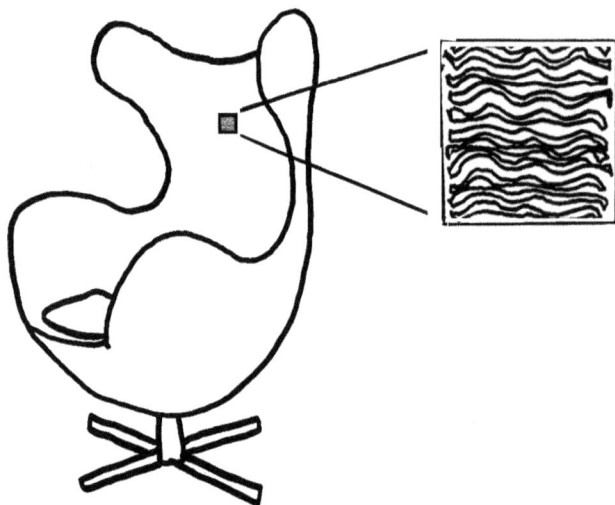

Lo otro que hay que recordar con respecto a los átomos y las moléculas es que están en constante movimiento. Incluso las moléculas que conforman los sólidos vibran constantemente. Las moléculas también contienen energía en sus enlaces, que es lo que les permite reaccionar con otras moléculas. Una de las labores de los químicos es medir la energía molecular, así pueden predecir si una reacción

1   Átomo: es la parte más pequeña e indivisible de una materia que conserva las mismas propiedades de dicha materia.
2   Molécula: dos o más átomos enlazados de manera muy resistente para formar una materia con propiedades homogéneas.

química planificada sucederá o no, además de cuánto calor requerirá o liberará dicha reacción.

Piensa en un vaso de agua. El agua líquida está formada por moléculas de agua que están adheridas holgadamente entre sí, en comparación con la madera o el plástico. Por este motivo el agua continúa en movimiento cuando se agita o se calienta, y también es lo que permite dividirla fácilmente en dos vasos de agua más pequeños. Si piensas en un vaso de agua a nivel micro, puedes ver claramente por qué, desde un punto de vista microscópico, no tiene ningún sentido fabricar una silla con agua a temperatura ambiente.

Ahora bien, si el agua estuviera congelada, entonces podrías usarla para fabricar una silla porque las moléculas se desaceleran, se ordenan y forman un sólido. Por otra parte, si calientas lo suficiente una silla de plástico, puedes romper los enlaces que mantienen unidos los "espagueti" de moléculas de los polímeros y el material de la silla se transforma en líquido. Es importante tener en cuenta la temperatura del entorno cuando se estudia la química de los distintos materiales.

Los antiguos griegos

Hace unos 2.500 años, dos filósofos griegos, Leucipo y Demócrito, elaboraron una teoría que decía que si picabas algo en pedazos muy, pero muy, pequeños, al final obtenías un trozo tan pequeño de ese objeto que ya no podías dividirlo más.

Este es un ejercicio que puedes realizar fácilmente en casa. Toma un trozo pequeño de papel aluminio normal (como del tamaño de una estampilla de correo) y rásgalo o recórtalo en pedazos cada vez más pequeños. Finalmente llegarás a un punto en el cual ya no podrás romper el aluminio en pedazos

más pequeños con las herramientas que tienes. El papel aluminio está hecho principalmente de átomos de aluminio, con algunos átomos de óxido de aluminio (o alúmina) en la superficie. No obstante, para nuestros fines supondremos que está hecho de aluminio puro. El metal aluminio es un elemento, lo que significa que es una colección de átomos de un mismo tipo.

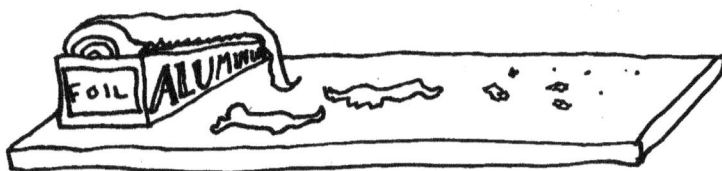

Los griegos creían que un pedazo así de pequeño, o quizás un poco más pequeño, podría ser lo que ellos llamaban átomo, que se define como el trozo más pequeño que aún se podía denominar aluminio. Esto tenía sentido para ellos ya que, a falta de más pruebas, habitualmente las personas tendían a comprender el mundo que los rodeaba en términos de lo que podían observar. Obviamente, los antiguos griegos no tenían papel aluminio, pero el concepto sigue siendo el mismo. Ellos creían que podía haber átomos de madera, piedra, fuego, agua, etc.

Además, creían que estos átomos podían tener la misma apariencia que la sustancia de la que estaban hechos. Por lo tanto, se creía que los átomos del agua eran suaves, blandos y redondos, los átomos de la madera duros y los átomos de fuego, afilados y puntiagudos (debido a que duele tocar el fuego).

Escala

Los griegos no tenían forma de calcular la escala de los átomos, salvo por lo que podían ver a simple vista. No tenían microscopios ni equipos sofisticados de detección. Es muy probable que pensaran que el pedazo más pequeño que podían ver también era el trozo más pequeño posible del material. Resulta que ese pedazo diminuto de aluminio, que para verlo tienes que entrecerrar los ojos, tiene realmente unos 45.000.000.000.000.000.000 (45 quintillones) de átomos de aluminio. ¿Cómo lo supe? Hablaremos de ello más adelante, cuando analicemos el mol. Por ahora, observa ese pequeño trozo de aluminio y piensa en lo diminuto que es el átomo.

Modelos de átomos y moléculas

Debido a que los átomos son definitivamente demasiado pequeños para verlos a simple vista, necesitamos instrumentos especiales para detectar grupos de átomos y registrar datos, a fin de poder analizar y sacar conclusiones acerca de los átomos y las moléculas individuales. Hemos desarrollado instrumentos que buscan evidencia de la composición y el comportamiento de los átomos y las moléculas, así podemos entender lo que hacen y cuál sería su apariencia. Luego, desarrollamos teorías sobre cuál es su apariencia e intentamos volver a ellos y verificar estas teorías con la realización de más experimentos. De eso se trata la ciencia. A continuación, encontrarás un ejemplo de un espectrograma de masas, que muestra una molécula (etilbenceno) y los productos de descomposición que se generan cuando se calienta con un haz de electrones. Los productos de descomposición se utilizan para determinar las moléculas que están presentes en una muestra desconocida.

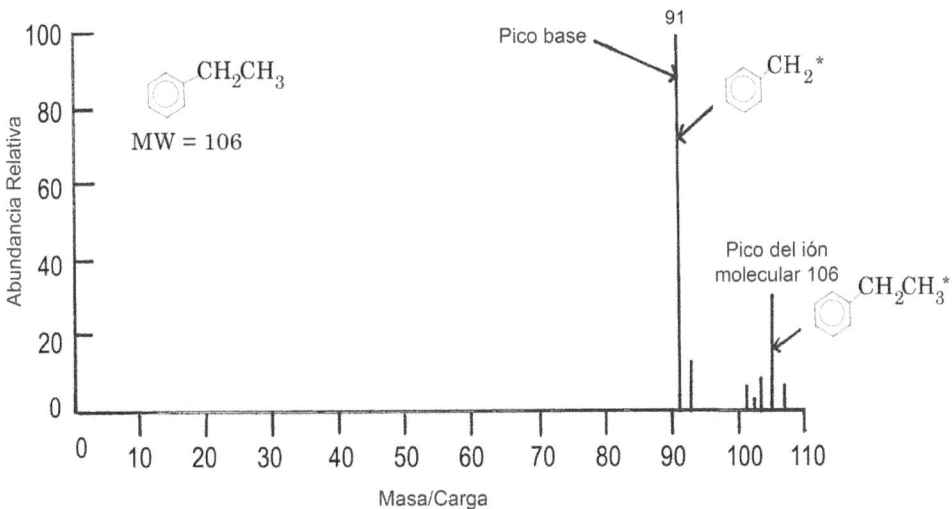

Los átomos están formados por partículas subatómicas: un núcleo de protones y neutrones adheridos entre sí, rodeados por una nube de electrones. Todos los
átomos individuales son más o menos así. Como no es posible ver los átomos ni las
moléculas a simple vista, utilizamos modelos para representarlos y permitir que
sea más sencillo imaginárselos. Es probable que ya conozcas el modelo de Bohr,
que se muestra a continuación, que parece como si fueran planetas que orbitan el
sol.

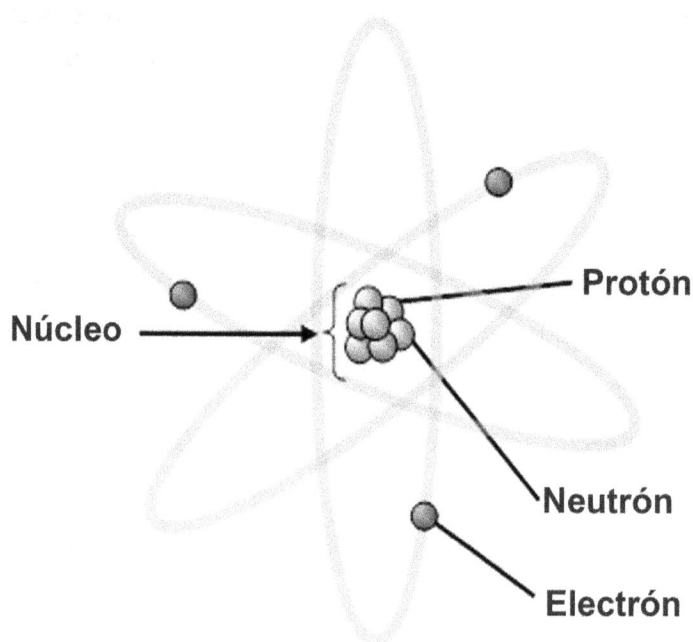

Esta es una forma de representar el átomo, pero no es completamente precisa debido a que los electrones realmente *no* orbitan como planetas alrededor del
núcleo. Actualmente, el mejor modelo que tenemos para el átomo de hidrógeno,
por ejemplo, se ve más o menos así, con una nube de electrones alrededor de un
núcleo:

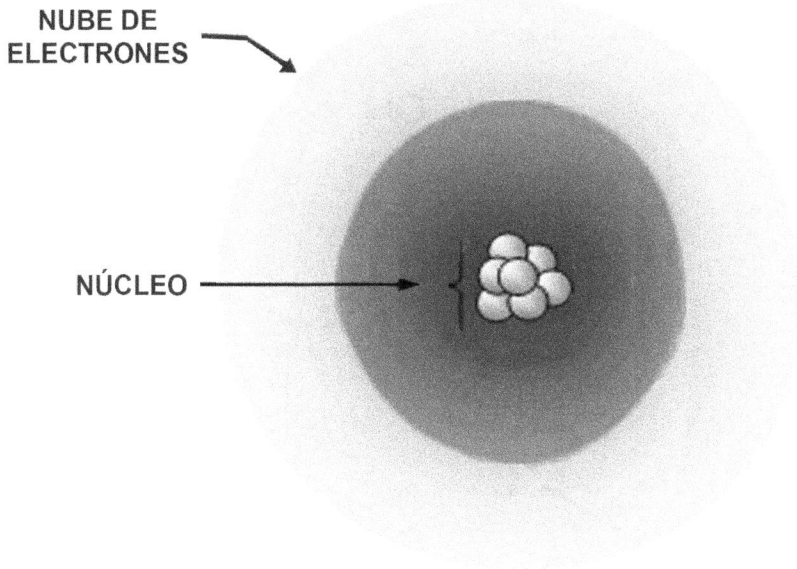

NUBE DE ELECTRONES

NÚCLEO

El electrón de hidrógeno se mueve tan rápidamente que se vería como una nube, si es que pudiéramos verlo de cerca.

Una vez que comenzamos a unir los átomos para formar moléculas, estos adquieren distintas formas, tal como puedes observar en la siguiente figura, un modelo amorfo, que llena el espacio de la molécula de fenol:

En este modelo, las partes en gris oscuro de la molécula de fenol representan átomos de carbono (C); el círculo negro es un átomo de oxígeno (O), y los círculos blancos, átomos de hidrógeno (H).

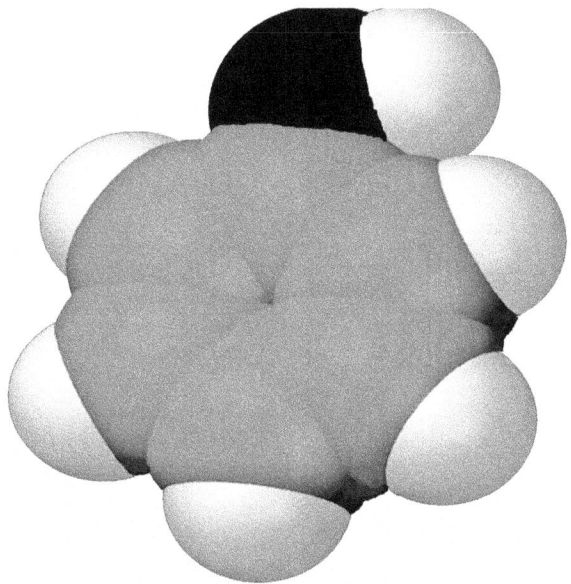

Los químicos por lo general simplifican aún más este modelo, para que se vea como la siguiente estructura:

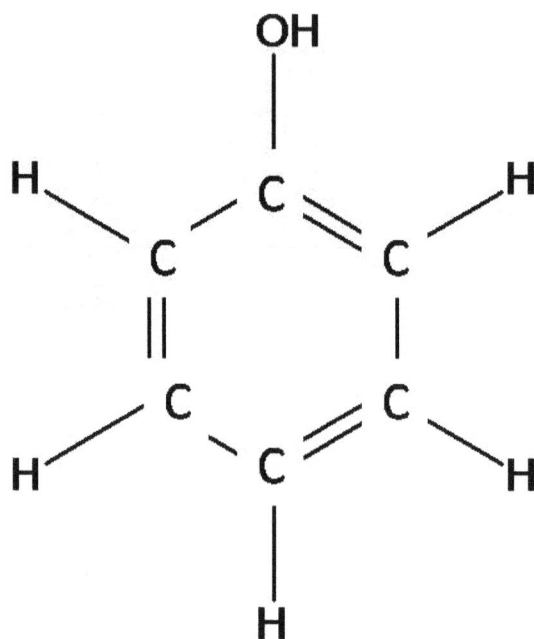

Los químicos orgánicos (que se especializan en las moléculas que contienen carbono) pueden simplificarlo aún más, para que se vea como uno de estos:

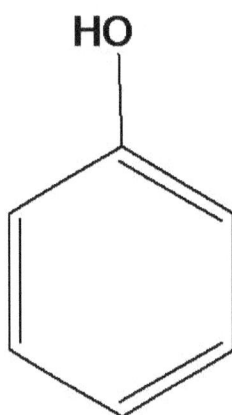

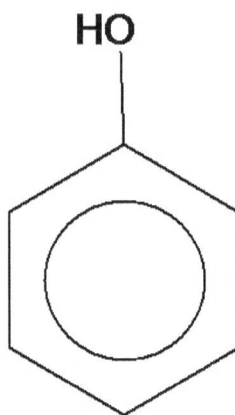

Las tres últimas imágenes son únicamente formas de representación simplificada de las moléculas. La forma más simple es la fórmula molecular, que en este caso sería C_6H_5OH. Es muy útil acostumbrarse a visualizar el átomo en su forma real, de modo que puedas imaginarte la molécula verdadera cuando veas los símbolos.

La tabla periódica

La tabla periódica es una herramienta que se utiliza para enumerar las propiedades de los átomos de manera ordenada, para que así puedas consultar rápidamente los datos atómicos. Imagina que es una base de datos o un diccionario de los átomos. La siguiente página muestra un ejemplo de una típica tabla periódica:

Número de protones → 1
Símbolo atómico → H
Cantidad de gramos por mol → 1.008
Hidrógeno

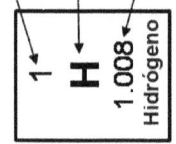

Tabla Periódica

Z	Símbolo	g/mol	Nombre
1	H	1.008	Hidrógeno
2	He	4.003	Helio
3	Li	6.941	Litio
4	Be	9.012	Berilio
5	B	10.81	Boro
6	C	12.0	Carbono
7	N	14.01	Nitrógeno
8	O	16.00	Oxígeno
9	F	19.00	Flúor
10	Ne	20.18	Neón
11	Na	22.99	Sodio
12	Mg	24.31	Magnesio
13	Al	26.98	Aluminio
14	Si	28.09	Silicio
15	P	30.97	Fósforo
16	S	32.07	Azufre
17	Cl	35.45	Cloro
18	Ar	39.95	Argón
19	K	39.10	Potasio
20	Ca	40.08	Calcio
21	Sc	44.96	Escandio
22	Ti	47.87	Titanio
23	V	50.94	Vanadio
24	Cr	52.00	Cromo
25	Mn	54.94	Manganeso
26	Fe	55.85	Hierro
27	Co	58.93	Cobalto
28	Ni	58.69	Níquel
29	Cu	63.55	Cobre
30	Zn	65.39	Zinc
31	Ga	69.72	Galio
32	Ge	72.61	Germanio
33	As	74.92	Arsénico
34	Se	78.96	Selenio
35	Br	79.90	Bromo
36	Kr	83.80	Criptón
37	Rb	85.47	Rubidio
38	Sr	87.62	Estroncio
39	Y	88.91	Itrio
40	Zr	91.22	Circonio
41	Nb	92.91	Niobio
42	Mo	95.94	Molibdeno
43	Tc	98.91	Tecnecio
44	Ru	101.1	Rutenio
45	Rh	102.9	Rodio
46	Pd	106.4	Paladio
47	Ag	107.9	Plata
48	Cd	112.4	Cadmio
49	In	114.8	Indio
50	Sn	118.7	Estaño
51	Sb	121.8	Antimonio
52	Te	127.6	Telurio
53	I	126.9	Yodo
54	Xe	131.3	Xenón
55	Cs	132.9	Cesio
56	Ba	137.3	Bario
57-71			Lantánidos
72	Hf	178.5	Hafnio
73	Ta	181.0	Tantalio
74	W	183.8	Tungsteno
75	Re	186.2	Renio
76	Os	190.2	Osmio
77	Ir	192.2	Iridio
78	Pt	195.1	Platinum
79	Au	197.0	Oro
80	Hg	200.6	Mercurio
81	Tl	204.4	Talio
82	Pb	207.2	Conducir
83	Bi	209.0	Bismuto
84	Po	210	Polonio
85	At	210	Astato
86	Rn	222	Radón
87	Fr	223	Francio
88	Ra	226.0	Radio
89-103			Actínidos
104	Rf	(263)	Rutherfordio
105	Db	(262)	Dubnio
106	Sg	(266)	Seaborgio
107	Bh	(264)	Bohrio
108	Hs	(269)	Hassio
109	Mt	(268)	Meitnerio
110	Ds	(272.1)	Darmstadtium
111	Rg	(272.1)	Roentgenio
112	Uub	(277)	Ununbium
113	Uut	(284)	Ununtrium

Lantánidos (57-71)

Z	Símbolo	g/mol	Nombre
57	La	138.9	Lantano
58	Ce	140.1	Cerium
59	Pr	140.9	Praseodimio
60	Nd	144.2	Neodimio
61	Pm	146.9	Prometeo
62	Sm	150.4	Samario
63	Eu	152.0	Europio
64	Gd	157.2	Gadolinio
65	Tb	158.9	Terbio
66	Dy	162.5	Disprosio
67	Ho	164.9	Holmio
68	Er	167.3	Erbio
69	Tm	168.9	Tulio
70	Yb	173.0	Iterbio
71	Lu	175.0	Lutecio

Actínidos (89-103)

Z	Símbolo	g/mol	Nombre
89	Ac	227.0	Actinio
90	Th	232.0	Torio
91	Pa	231.0	Protactinio
92	U	238.0	Uranio
93	Np	237.0	Neptunio
94	Pu	244.1	Plutonio
95	Am	243.1	Americio
96	Cm	247.1	Curio
97	Bk	247.1	Berkelio
98	Cf	251.1	Californio
99	Es	252.1	Einstenio
100	Fm	257.1	Fermio
101	Md	258.1	Mendelevio
102	No	259.1	Nobelio
103	Lr	262.1	Lawrencium

Ten en cuenta que la cantidad de protones y electrones de cada átomo aumenta en uno a medida que recorres cada fila horizontal de la tabla (en un átomo neutro, la cantidad de protones siempre es igual a la cantidad de electrones). De hecho, todos los átomos podrían enumerarse en una cadena larga, pero al ponerlos en una tabla como esta podemos identificar las tendencias.

Cada columna de la tabla periódica se denomina *grupo* y cada línea se denomina *período*. Los químicos suelen hablar de las propiedades atómicas que aumentan o disminuyen "en un período", lo que simplemente significa que va de izquierda a derecha por una de las filas. También debes fijarte que hay dos filas largas entre el bario y el lutecio (Ba y Lu), así como entre el radio y el laurencio (Ra y Lr). Estos se denominan los lantánidos y los actínidos. No estudiarás esto en profundidad en la escuela secundaria ni en los cursos introductorios de química en la enseñanza superior, pero sí debes saber cómo cambia la numeración en esa parte de la tabla. Te sugiero que busques en Internet e imprimas una copia de la tabla periódica que incluya los nombres de los átomos para que puedas consultarla.

Los tres datos principales que incluye la tabla periódica para cada átomo son:

- Símbolo químico
- Número atómico (la cantidad de protones)
- Peso atómico (el peso, en gramos, de un mol de este elemento)

En un próximo capítulo, trataremos en mayor profundidad los moles. Por lo general, en clases de química se pide que memorices los símbolos de cada elemento. Salvo por unos pocos, la mayoría de los símbolos se pueden recordar con bastante facilidad.

El siguiente capítulo está diseñado para ayudarte a ganar habilidad para trabajar con los grandes números que se utilizan en química.

Capítulo dos: Preguntas de repaso

1. ¿Cuál es la definición de átomo?

    _____

    _____

    _____

2. ¿Cuál es la definición de molécula?

    _____

    _____

    _____

3. ¿De qué está hecha tu silla, desde el punto de vista "micro"?

    _____

    _____

    _____

4. ¿Qué aportes realizaron Leucipo y Demócrito a la química?

    _____

    _____

    _____

5. ¿Cuánto demorarías en contar todos los átomos de un trozo diminuto de papel aluminio (aproximadamente de 0,2 g, suponiendo que pudieras ver cada átomo)? Pista: toma el tiempo que demoras en contar hasta 100.

    _____

    _____

    _____

6. ¿Por qué no es correcto el modelo de Bohr?

_____

_____

_____

7. ¿Por qué usan la tabla periódica los químicos?

_____

_____

_____

Capítulo tres:

Notación científica

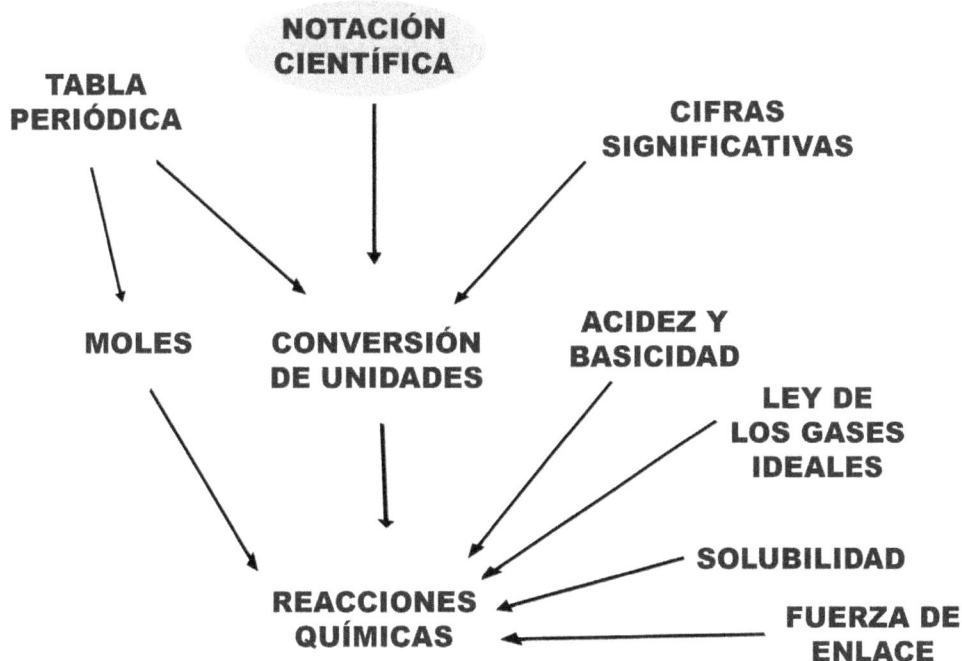

Es probable que ya hayas aprendido acerca de la notación científica en la escuela, si es así, probablemente desees pasar rápidamente este capítulo (sería bueno que pruebes tus conocimientos con las preguntas de repaso) e ir al capítulo utilizando tu propia calculadora.

La notación científica es importante para tratar con números extremadamente grandes y extremadamente pequeños, tal como los que solemos utilizar en química. Al igual que tabla periódica, la notación científica es una herramienta que te ayuda a ser más eficiente. El motivo por el que necesitamos ser capaces de trabajar con números enormes o diminutos es el tamaño extremadamente pequeño de los átomos y las moléculas con los que trabajamos, tal como vimos en el capítulo sobre el átomo. Se requiere una cantidad enorme de átomos y moléculas como para poder verlos y pesarlos con una balanza de laboratorio normal (de ahí la necesidad de trabajar con números enormes).

Cuando trabajamos en problemas que involucran átomos o moléculas individuales, también debemos ser capaces de trabajar con números extremadamente pequeños porque los átomos, las moléculas y las partículas subatómicas tienen pesos así de pequeños. Por ejemplo, la masa de un electrón es igual a 0,00000000 0000000000000000000910938188 gramos. Sería muy incómodo escribirlo varias veces, por lo que sería bueno poder tener una manera más simple de trabajar con estos números.

La notación científica siempre consta de un número con un único dígito a la izquierda del separador decimal y, en ocasiones, uno o más dígitos después del separador decimal, multiplicado por 10 a alguna potencia. De modo que el número 53 se muestra como $5,3 \times 10^1$ y 0,005 se muestra como 5×10^{-3}.

Números grandes

Tomemos el ejemplo del Capítulo 1. Vimos que el diminuto trozo de aluminio contenía cerca de 45 quintillones o 45.000.000.000.000.000.000 átomos de aluminio, suponiendo que fuera aluminio puro. La notación científica nos permite escribir este número de manera más sencilla:

45,000,000,000,000,000,000
puede mostrarse como
4,5 x **10.000.000.000.000.000.000**

Si aislamos el segundo número,

10.000.000.000.000.000.0000
puede mostrarse como
$$10^{19}$$

Si los unimos:

45.000.000.000.000.000.000

puede mostrarse como

4,5 x 10^{19}

Solo cuenta la cantidad de veces que tienes que mover el separador decimal hacia la *izquierda* y detente cuando esté justo después de la primera cifra del número original (en este caso, al lado derecho del 4). Este número se transforma en el exponente *positivo* que va junto al "10." En este caso, se movió 19 veces, lo que nos da 10^{19}.

Números pequeños

En el caso de los números menores que uno, tal como 0,000000000501, cuenta la cantidad de veces que tienes que mover el separador decimal hacia la *derecha* para llegar a la derecha del primer número distinto a cero (en este caso, al lado derecho del 5) y coloca ese número como un exponente *negativo* en el "10." En este ejemplo, el separador decimal se movió diez veces.

0,000000000501

puede mostrarse como

5,01 x 0,0000000001

0.0000000001

puede mostrarse como

10^{-10}

Entonces, **0,000000000501**

puede mostrarse como

5,01 x 10^{-10}

Si intentas adquirir el hábito de escribir la mayoría de los números en notación científica cuando trabajes en tus problemas de química, al final te servirá para resolver los problemas.

El siguiente capítulo no está dedicado realmente a un concepto químico; sino que más bien está diseñado para garantizar que utilices correctamente tu calculadora cuando hagas problemas con notación científica. Esta es una habilidad fundamental, por lo que te insto a que lo leas y practiques con la calculadora.

Capítulo tres: Preguntas de repaso

1. ¿Por qué es tan importante poder utilizar la notación científica en química?

    _____

    _____

    _____

    _____

    _____

2. ¿Es posible obtener el exponente correcto para notación científica simplemente contando los ceros? ¿En qué caso funciona y cuándo arroja la respuesta equivocada?

    _____

    _____

    _____

    _____

    _____

Capítulo cuatro:

Cómo usar la calculadora

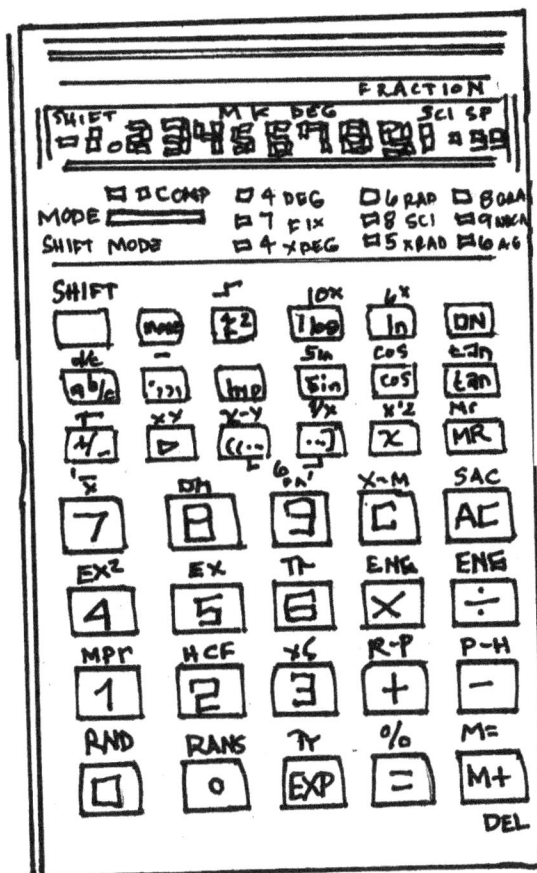

Para química, necesitas como mínimo una calculadora científica. Este tipo de calculadora no solo suma, resta, multiplica y divide. También tiene muchas otras funciones como exponentes y memoria. Además, hay una función únicamente para hacer notación científica.

Para poder usar la notación científica, tienes la posibilidad de hacer las operaciones manuales para los exponentes (esta forma es simple, pero no muy rápida) o utilizar tu calculadora. Probablemente deberías aprender a hacerlo en forma manual, porque resulta práctico cuando olvidas llevar tu calculadora a una prueba. Sin embargo, quiero asegurarme de que sepas usar la calculadora. He visto a estudiantes plantear correctamente un problema de química, luego, usan mal la calculadora y llegan a la respuesta equivocada. ¡Esto definitivamente puede contribuir a un sentimiento de frustración al aprender química!

Yo personalmente nunca he considerado necesario comprar una calculadora gráfica grande y costosa, todo lo que se requiere para química es una calculadora que pueda realizar las siguientes funciones (las teclas que debes buscar en la calculadora aparecen entre paréntesis):

- Notación científica (**EE** o **EXP**)
- Logaritmos (**log**) y logaritmos naturales (**ln**)
- Funciones de potencia y raíz (**x^2** y **x^y**)
- Números negativos (**+/−**)
- Funciones trigonométricas (**sin, cos** y **tan**)
- Inversos (**1/x**)

Puedes elegir una calculadora gráfica si la prefieres o si crees que llegarás a tomar cálculo, pero en mi caso, he usado la misma calculadora científica de diez dólares durante los últimos quince años y la verdad es que me sirvió durante toda la escuela de posgrado, incluso en muchas clases que tenían cálculo. Si no sabes por cuál decidirte, te aconsejo que preguntes a tu profesor, pero es preferible que comiences a utilizar tu calculadora durante el verano para que te acostumbres a ella.

Las siguientes instrucciones deberían servir tanto para las calculadoras científicas simples como las gráficas. Las instrucciones que vienen con la calculadora suelen ser bastante útiles; de todos modos, en Internet puedes encontrar numerosas guías.

Lo primero que debes buscar en tu calculadora es un botón que diga "**EXP**" o "**EE**"; este es el botón de notación científica. En algunos casos, es posible que primero debas pulsar la tecla "**2nd**" o "**Shift**", en caso de que **EXP/EE** no sea la función primaria de la tecla.

Números extremadamente grandes

Para ingresar **4,5 x 10¹⁹**, por ejemplo, debes escribir lo siguiente:

Pulsa **4,5** (cuatro, separador decimal, cinco).

Ahora, pulsa el botón "**EXP**" o "**EE**".

A la derecha de 4,5 debería aparecer uno de los siguientes:

"**00**" o "**E**" o "**10^**"

Ingresa "**19**"

Debería quedar como uno de los tres ejemplos, dependiendo del fabricante de tu calculadora:

4,5 19

o

4,5   10^19

o

4,5   E19

En algunas calculadoras, el 19 es de la mitad del tamaño del 4,5. Todos los ejemplos significan lo mismo; la diferencia está en que los distintos fabricantes de calculadoras lo muestran de diferente manera.

Pues bien, ahora que ya ingresarte el número, puedes sumarlo, multiplicarlo o realizar cualquier otra operación. Prueba con unas operaciones a modo de práctica, multiplica este número por 2 o súmale 200. Verás que no cambia al sumarle números pequeños. Para que pudieras notar la diferencia, tendrías que sumarle un número mayor que $1,0 \times 10^{20}$ para modificar un número así de grande.

Números extremadamente pequeños

Ahora te mostraré cómo trabajar con números extremadamente pequeños. Utilizaremos **6 x 10⁻²⁰**.

En tu calculadora, debes ingresarlo del mismo modo exacto que antes, salvo que ahora tienes que buscar la forma de escribir –20 en lugar de 19. Utiliza el mismo método para la primera parte:

Ingresa **6**

Pulsa "**EE**" o "**EXP**"

Ingresa **20**

Ahora, busca un botón que diga "**+/−**". Púlsalo.

Debería aparecer un signo negativo antes del número 20. En la pantalla debería aparecer uno de los siguientes:

6, −20

o

6,   10^(−20)

o

6,   E−20

Todos los ejemplos anteriores son equivalentes a escribir **6 x 10⁻²⁰**. Asegúrate de pulsar el botón **+/−** después de haber pulsado **EE** o **EXP**, de modo que el signo negativo esté en el lugar correcto. Repito, lo mejor es que juegues con este número. Fíjate que si, por ejemplo, le sumas el número uno, el resultado vuelve a ser uno, ya que 6×10^{-20} es demasiado pequeño.

Si lo practicas en la calculadora varias veces para que adquieras el hábito de usarla en la notación científica, todo te resultará más fácil en clases y en los exámenes.

Capítulo cuatro: preguntas de repaso

1. ¿Qué sucede si te confundes y pulsas la tecla **10^x** de tu calculadora en vez de **EE/EXP**? ¿De qué manera influye esto en la respuesta al problema que estás intentando resolver?

    _____

    _____

    _____

    _____

    _____

2. ¿Puedes resolver problemas de notación científica sin usar la calculadora? ¿Cómo lo harías?

    _____

    _____

    _____

    _____

Capítulo cinco:

Cifras significativas

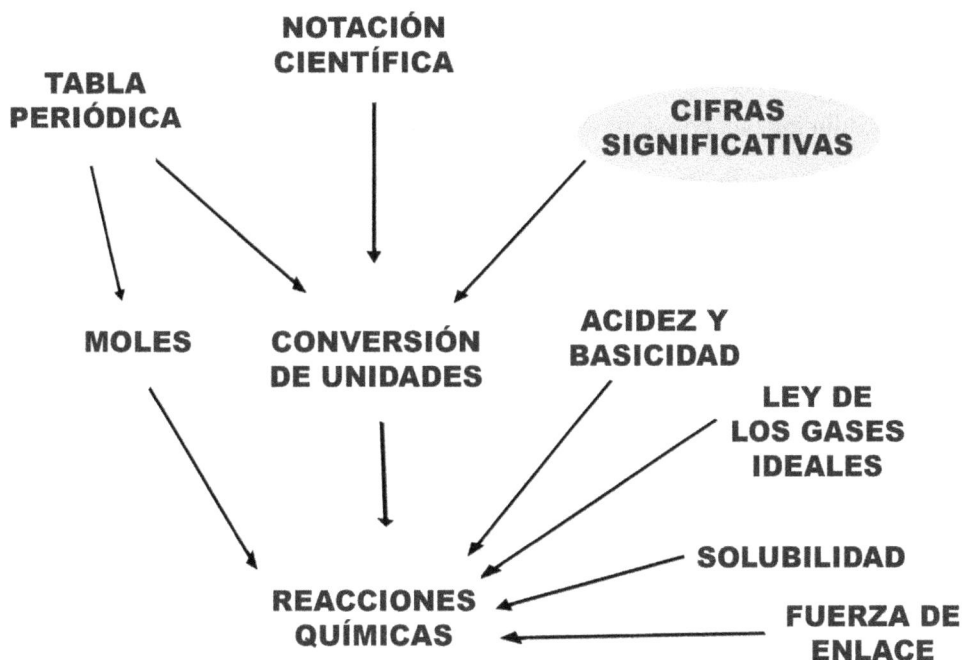

NOTACIÓN
CIENTÍFICA

TABLA
PERIÓDICA

CIFRAS
SIGNIFICATIVAS

MOLES

CONVERSIÓN
DE UNIDADES

ACIDEZ Y
BASICIDAD

LEY DE
LOS GASES
IDEALES

SOLUBILIDAD

REACCIONES
QUÍMICAS

FUERZA DE
ENLACE

La química es una ciencia relativamente nueva que nació del trabajo de los alquimistas, cuyo principal objetivo era intentar fabricar oro a partir de otros metales, tales como el plomo. Finalmente, algunos alquimistas se rindieron en la búsqueda del oro y se diversificaron a otros materiales, dando origen a un campo de estudio científico más maduro.

En 1661, Robert Boyle escribió *The Sceptical Chymist (El químico escéptico)*, que fue el primer libro en establecer una división clara entre la alquimia y la ciencia de la química. Boyle destacó la necesidad de diseñar experimentos para probar las teorías, en lugar de los métodos azarosos y a menudo místicos que preferían los alquimistas.

Hacia fines del siglo XVIII, los experimentos que realizaban los químicos involucraban la mezcla de reactivos y la observación de las propiedades de los productos. No había un verdadero interés por pesar los productos y los reactivos para medir en forma *cuantitativa* las sustancias producidas. En otras palabras, estos químicos se enfocaban en las propiedades *cualitativas* de la materia, como el color, la apariencia, el olor y, aunque no lo creas, el sabor. En la actualidad, sabemos que no debemos saborear ni oler las sustancias químicas de laboratorio, pero hasta hace unos cien años, era normal registrar el olor y el sabor de la nueva sustancia química producida, así como su apariencia y otras propiedades físicas. Esto llevó a la muerte prematura de muchos de los químicos de antaño.

Antoine Lavoisier (1743–1794), un científico francés, fue la primera persona en destacar la necesidad de realizar mediciones cuantitativas. Midió el peso de las sustancias individuales que se mezclaban antes de que se produjera la reacción química, así como el peso total del producto final. Nadie había pensado en hacerlo antes. Esto lo llevó a desarrollar la ley de conservación de la materia, que establece que la materia no se crea ni se destruye, y que la masa de un sistema cerrado permanece constante sin importar lo que hagas con ella (siempre y cuando permanezca cerrada).

Por ejemplo, el peso de la mezcla de una reacción disminuye cuando los gases se liberan durante la reacción, salvo que la reacción se realice en un recipiente cerrado. Para nosotros en la actualidad puede parecer obvio, pero en esa época los conocimientos acerca de los gases y los átomos eran muy limitados, por lo que esta forma de pensar era revolucionaria. Lamentablemente para el mundo de la química, Lavoisier fue decapitado a los cincuenta años de edad durante la Revolución francesa. Quién sabe qué más podría haber logrado si hubiese tenido más tiempo.

Cuando medimos sustancias en química, deseamos saber si nuestras mediciones son exactas. Por este motivo es que tenemos lo que se llama cifras significativas. Haz una medición simple con una regla. Cuando mides algo, observas las líneas de la regla para saber qué tan exacta puede ser tu medición.

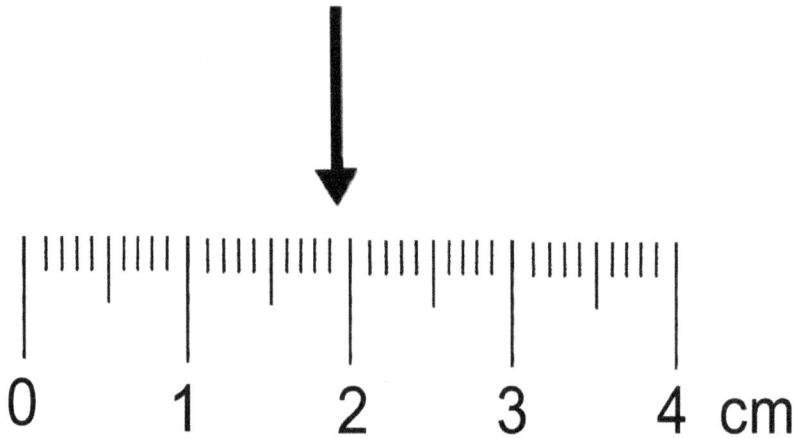

Si observas la regla métrica que se muestra arriba, probablemente puedes llegar a estimar hasta en 0,1 milímetro, ya que (si entrecierras los ojos) puedes ver la diferencia entre un objeto que mide 1,92 cm y otro que mide 1,98 cm.

No obstante, con esta regla específica, solo puedes estar *seguro* de que algo mide 1,9 o 2,0 cm. Por lo tanto, en este caso, el primer dígito después del separador decimal es la **cifra significativa** o **dígito significativo** (en ocasiones también se denomina **cif. sig.** o **dig. sig.**), lo que implica que es el uno el que tiene *importancia*. En este caso, no se puede tener certeza del segundo número después del separador decimal, por lo que no es significativo. Si un objeto midió 2 cm exactos con esta regla específica, diríamos que midió 2,0 cm, pero *no* 2,00 cm (y en ningún caso, ¡2,000 cm!).

Por ejemplo, si quisieras saber si un objeto mide 1,92 o 1,93 cm, no podrías hacerlo con la regla que aparece arriba, necesitarías una con divisiones más pequeñas, que probablemente solo podrías verla con un microscopio. Es posible que hayas utilizado alguna en la clase de biología para medir células u objetos muy diminutos.

En química, la utilidad de las cifras significativas entra en juego cuando sumas, restas, multiplicas o divides dos o más mediciones que se obtuvieron con dos dispositivos de medición distintos, cada uno con un nivel de precisión diferente. La medición *menos exacta* es la que determina el nivel de precisión de la respuesta final. Las reglas de la suma y la resta son distintas de aquellas para la multiplicación y la división. A continuación se muestran algunos ejemplos.

Las cifras significativas en la suma y la resta

Supongamos que deseas saber cuál es tu peso combinado con el de un amigo. Te pesas en una pesa métrica de baño (con una precisión aproximada de 0,1 kg) y determinas que pesas 62,2 kg. Luego, tu amigo se pesa en una báscula de laboratorio más precisa y determina que pesa 61,256 kg. Cuando sumas ambas mediciones, solo puedes conservar las cifras significativas de la forma de medición *menos precisa*, que en este caso es la pesa de baño. Este es el procedimiento para realizar una suma o una resta:

Paso 1

Suma ambas mediciones de la forma habitual, con los separadores decimales alineados:

$$\begin{array}{r} 62,2 \text{ kg} \\ +\ \underline{61,256 \text{ kg}} \\ 123,456 \text{ kg} \end{array}$$

Paso 2

Redondea a la cifra significativa más cercana. Para este ejemplo, la respuesta queda en 123,5 kg. La cifra después del separador decimal es la cifra significativa, porque era el dígito *más* preciso para la técnica de medición *menos* precisa (la pesa de baño).

En ocasiones debes redondear una respuesta que tiene un dígito final de 5. Las reglas para redondear estos números varían. En algunos libros de texto se indica que se debe redondear hacia arriba cuando el dígito a la izquierda de 5 es impar y redondear hacia abajo cuando es par. Por ejemplo, 2,55 se redondea hacia arriba a 2,6, mientras que 2,45 se redondea hacia abajo a 2,4. Este método tiene sentido cuando tienes que recolectar una gran cantidad de elementos de datos numéricos durante un experimento, ya que cualquier error de redondeo tiende a compensarse al final.

Otros libros indican que *siempre* se debe redondear hacia arriba cuando 5 es el dígito final, aunque este método no es tan utilizado. Mi método siempre ha sido utilizar el método que recomienda el profesor, así es poco probable que te equivoques.

Cifras significativas en la multiplicación y la división

Para multiplicar y dividir, la regla es centrarse en la medición con la cantidad *total más baja* de cifras significativas. Luego, debes redondear la respuesta de modo que tenga la misma cantidad total de dígitos. Siempre debes contar los dígitos de izquierda a derecha.

Por ejemplo, digamos que realizas una medición de la distancia entre tu casa y la casa de un amigo. Obtienes que la distancia es de 23,4 km (esta medición tiene 3 cif. sig.), pero deseas convertir este número a millas. Tienes un buen factor de conversión con muchos dígitos significativos (1 milla = 1,609344 km, tiene 7 cif. sig.). En este caso, deberías utilizar para la respuesta la cantidad total de dígitos de la medición que *tú* obtuviste, ya que esa es la medición menos precisa.

Este es el procedimiento para realizar una multiplicación o una división:

Paso 1

Divide de la forma habitual para resolver el problema.

23,4 km ÷ 1,609344 km/milla = 14,54009 millas (las unidades de km se anulan)

Paso 2

Redondéalo hasta 3 cif. sig. Tu respuesta queda en 14,5 millas.

Cuando tengas problemas que involucren múltiples cálculos, siempre debes realizar todas las operaciones o conversiones matemáticas para luego redondear solamente la respuesta final.

Retomaremos por un momento la notación científica. La notación científica es útil porque te permite mostrar la cantidad de cif. sig. incluso en números grandes con ceros. Por ejemplo, si pesas 1.800 kg de rocas, ¿cómo mostrarías que solo tienes certeza de este peso en los 100 kg más próximos? Podrías usar notación científica para escribirlo como $1,8 \times 10^3$ kg. O bien, si estuvieras seguro de la precisión del peso en 1 kg más próximo, lo escribirías como $1,800 \times 10^3$ kg.

Ahora que ya sabemos algunos de los aspectos básicos, pasemos a algunos conceptos químicos reales.

Capítulo cinco: Preguntas de repaso

1. ¿Qué planteó Lavoisier que, aunque simple, revolucionó la química?

   _____

   _____

   _____

2. Cuando se libera gas en una reacción química, ¿aumenta o disminuye el peso de la mezcla de la reacción? ¿Por qué?

   _____

   _____

   _____

3. ¿En qué situación medirías con precisión el peso de una sustancia química para una reacción química, al utilizar una pesa de baño común? Explica.

   _____

   _____

   _____

4. ¿Por qué es importante saber los pesos precisos de los reactivos y los productos en una reacción química?

   _____

   _____

   _____

5. Cuando realizas mediciones con dos dispositivos, cada uno con un nivel de precisión distinto, ¿las cifras significativas de cuál de los dos debes utilizar para tu respuesta?

_____

_____

_____

Capítulo seis:

El mol y la molaridad

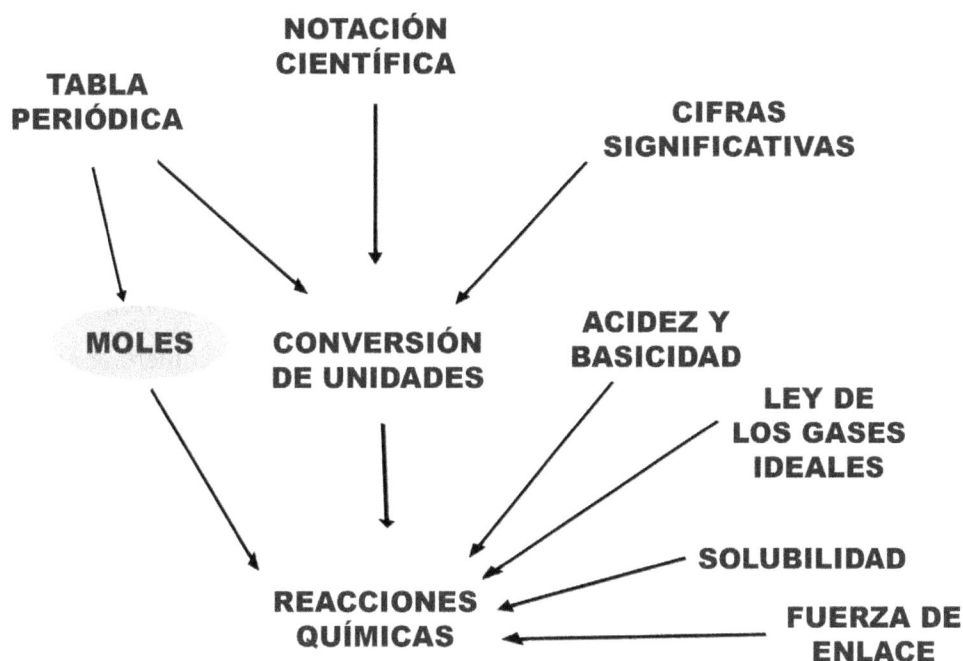

NOTACIÓN
CIENTÍFICA

TABLA
PERIÓDICA

CIFRAS
SIGNIFICATIVAS

MOLES

CONVERSIÓN
DE UNIDADES

ACIDEZ Y
BASICIDAD

LEY DE
LOS GASES
IDEALES

SOLUBILIDAD

REACCIONES
QUÍMICAS

FUERZA DE
ENLACE

El mol

El mol es un concepto que, en mi opinión, algunos químicos hacen más complejo de lo que debiera ser. Con esto en mente, intentaré comenzar este capítulo con algo fácil de recordar para luego explicarlo con mayor detalle. Entonces, si recuerdas tan solo una cosa de este capítulo, debería ser lo siguiente: *un mol es como una docena*. En química, un mol de átomos es igual a $6,022 \times 10^{23}$ átomos. Al igual que una *docena* de panes consta de 12 panes, un *mol* de panes consta de $6,022 \times 10^{23}$ panes.

El mol es una herramienta que los químicos utilizan para mantener un registro de las enormes cantidades de átomos y moléculas que se requieren para que algo sea de un tamaño tan grande como para que puedas verlo, como aquel trozo de papel aluminio que vimos en el capítulo del átomo.

Una muy buena pregunta es por qué los químicos utilizan este número y no alguno que sea más fácil de recordar, como sería $1,0 \times 10^{50}$. Este número tiene una importancia histórica y es muy difícil cambiar una constante científica después de que todos comienzan a utilizarla. Se denomina número de Avogadro (símbolo N_A), en honor a Amedeo Avogadro. A comienzos del siglo XIX, hizo parte del trabajo inicial al enlazar el volumen de un gas con la cantidad de moléculas o átomos presentes en ese gas.

Hacia fines del siglo XIX, el físico Jean Perrin, planteó que la cantidad de moléculas o átomos en un mol debe definirse igual que la cantidad de moléculas de oxígeno presentes en 32 gramos de gas oxígeno (32 g O_2), que en su momento era un monto estándar que se denominaba una "molécula gramo" de oxígeno. Un mol de átomos de oxígeno pesa 16 gramos, por lo que el peso de un mol de O_2 es el doble de ese peso. La mayoría de los químicos estuvo de acuerdo, la unidad se abrevió a "mol", y esta es la constante que han utilizado los químicos desde entonces. Entonces, básicamente continuamos utilizando el número de Avogadro por tradición. Al igual que con casi todas las tradiciones de las ciencias, quizás lo mejor es aceptarla tal como es y continuar con tu vida.

La tabla periódica te muestra la cantidad de gramos por mol (g/mol) para cada átomo. Estos números se determinaron mediante experimentos realizados hace mucho tiempo y se colocaron en la tabla periódica para nuestro uso. Puedes sumarlos a medida que construyes una molécula para obtener el peso de un mol de cualquier molécula que vayas a crear. Si observas la tabla periódica que aparece en el capítulo anterior de este libro dedicado a los átomos, puedes determinar que 32 es el peso molecular de O_2 (16 gramos/mol por cada átomo de oxígeno x 2 átomos de oxígeno).

Otro dato interesante es que un mol de *cualquier* gas ocupa 22,4 litros a TPE (temperatura y presión estándar, que se define como 0 grados Celsius y 1 atm de presión, lo que equivale aproximadamente a la presión atmosférica a nivel del mar).

Cuando hablemos de las reacciones químicas más adelante en el libro, el mol será fundamental, ya que es la unidad de proporción que utilizarás cada vez que escribas ecuaciones químicas.

Molaridad

Otro concepto con el que te toparás en las clases de química durante la enseñanza secundaria es la molaridad, que corresponde a moles por litro y suele escribirse como mol/L. Esta unidad se utiliza para expresar la concentración de *solutos*[3] de una solución disueltos en *solventes*.[4] El siguiente diagrama muestra las partes importantes que conforman una solución típica.

---

3   Soluto: una sustancia disuelta en otra sustancia, forman una solución. Un ejemplo de un soluto es azúcar disuelta en agua.
4   Solvente: una sustancia, generalmente un líquido, capaz de disolver otra sustancia. Algunos ejemplos son: agua, alcohol y benceno.

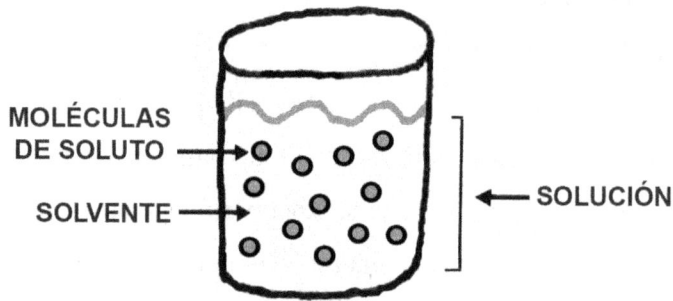

MOLÉCULAS DE SOLUTO
SOLVENTE
SOLUCIÓN

Molaridad es otra forma de decir concentración, al igual que cuando mezclas una masa para un bizcocho instantáneo y tienes que agregar la cantidad correcta de líquido a la mezcla para que el bizcocho resulte bien. La molaridad de la masa del bizcocho debe ser la correcta, de lo contrario, obtendrías un revoltijo aguado o grumoso en lugar de una masa suave para un buen bizcocho.

La molaridad se usa como herramienta para averiguar la cantidad de producto que obtienes al combinar una solución de una sustancia química con otra, ya que en ocasiones no puedes comprar la sustancia química que deseas en su forma seca. Revisaremos un ejemplo de este concepto en un capítulo posterior dedicado a las unidades y las conversiones.

Capítulo seis: Preguntas de repaso

1. ¿Qué es lo principal que debes recordar de este capítulo?

2. ¿Por qué usan el mol los químicos?

3. ¿Dónde se encuentran los valores del peso molecular?

4. ¿Cuál es la definición de una solución?

5. ¿Cuáles son las unidades para la molaridad?

6. ¿Por qué es útil conocer la molaridad de una solución?

_____

_____

_____

Capítulo siete:

Unidades y conversiones

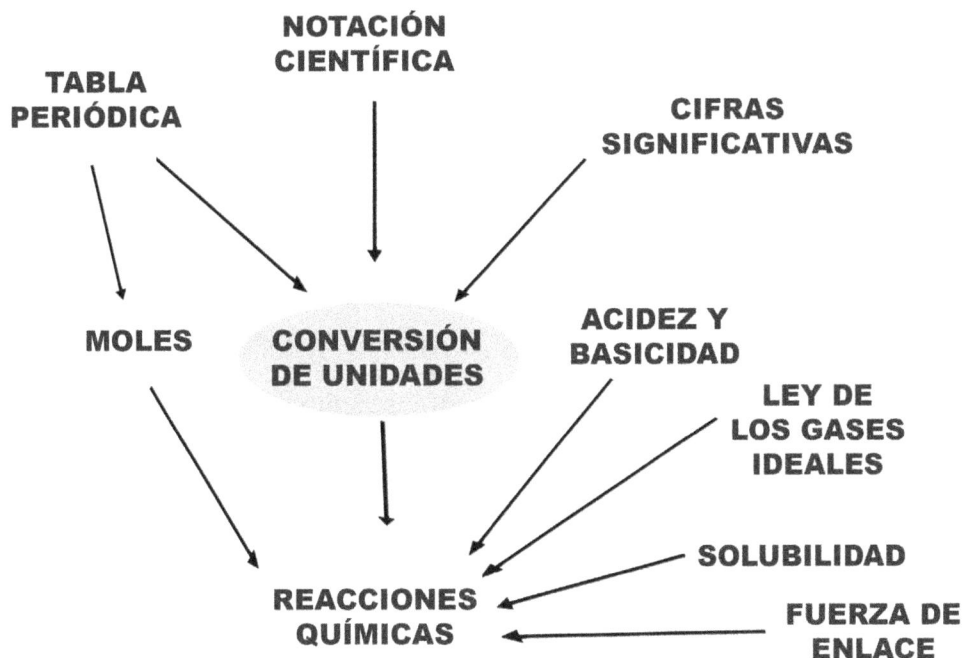

NOTACIÓN
CIENTÍFICA

TABLA
PERIÓDICA

CIFRAS
SIGNIFICATIVAS

MOLES

**CONVERSIÓN
DE UNIDADES**

ACIDEZ Y
BASICIDAD

LEY DE
LOS GASES
IDEALES

SOLUBILIDAD

REACCIONES
QUÍMICAS

FUERZA DE
ENLACE

Unidades

Cada vez que utilizamos números en química, siempre hablamos de una cantidad de sustancia, por lo que siempre hay una *unidad* que va adjunta. Por lo tanto, si hablamos de un mol de una sustancia, no escribimos $6,022 \times 10^{23}$, sino que:

$$6,022 \times 10^{23} \text{ \textit{panes}} = 1 \text{ \textit{mol} de \textit{panes}}$$

o

$$6,022 \times 10^{23} \text{ átomos de Al} = 1 \text{ \textit{mol} de átomos de Al}$$

o

$$6,022 \times 10^{23} \text{ \textit{moléculas de } } H_2O = 1 \text{ \textit{mol} de \textit{moléculas de } } H_2O$$

Si te acostumbras a escribir todas las unidades, todo te resultará mucho más simple cuando tengas que hacer tus problemas de química. Al principio puede parecer como una piedra en el zapato, pero con la práctica se hace mucho más fácil. Debes hacerte el hábito de preguntarte "¿de qué?". Por ejemplo, "¿un mol de qué?" o "¿un litro de qué?". Esto te permite llevar un registro de la sustancia que estás utilizando en cada una de las etapas de tus conversiones.

Conversiones

En la clase de química, dedicarás gran parte del tiempo a convertir unidades. Los métodos que aparecen en este capítulo son las herramientas que te permitirán realizar conversiones simples de unidades. Asimismo, te servirán para averiguar la cantidad de producto que obtendrás cuando llevas a cabo una reacción, además de la cantidad de energía liberada. Ya has hecho un trabajo similar en clases de matemáticas, cuando tenías que convertir gramos a kilogramos o millas a kilómetros. Lo más probable es que haya sido algo parecido a la siguiente ecuación:

$$10 \text{ miles} \quad \times \quad \frac{1 \text{ km}}{0.62 \text{ mile}} \quad = \quad 16 \text{ km}$$

El proceso que aparece arriba es solo una versión más sofisticada del método de "multiplicación cruzada" que probablemente aprendiste en la enseñanza primaria. Ten en cuenta que las unidades de "millas" se anulan (tal como en las variables idénticas en álgebra), lo que te deja solo los kilómetros. Igualmente, debes observar que el numerador y el denominador de la relación de conversión son iguales entre sí. Entonces, en el fondo, solo estás multiplicando por el número uno. Si piensas en las clases de matemáticas de cuarto o quinto grado, recordarás que si el número superior es igual al inferior, la fracción es igual a uno:

$$\frac{3}{3} = 1$$

$$\frac{12 \text{ donuts}}{1 \text{ docena de donuts}} = 1$$

Por este motivo, las unidades que acompañan a los números son tan importantes. De lo contrario, no multiplicarás por 1/1 y la conversión será incorrecta.

Mientras que es probable que en tus clases de matemáticas previas hayas convertido las unidades así:

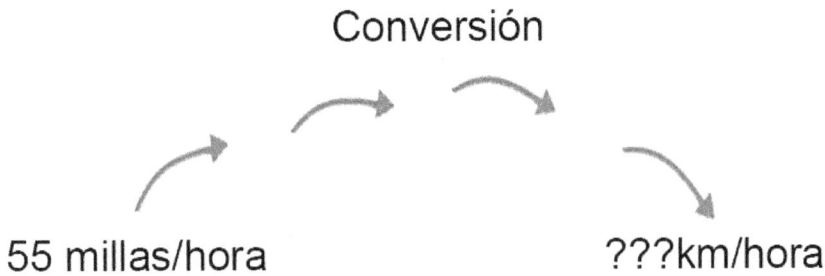

Conversión

55 millas/hora   ???km/hora

En química necesitaremos una herramienta más sofisticada para las conversiones, como esta:

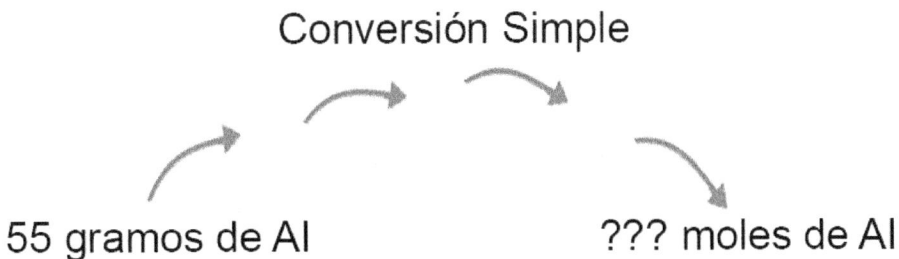

Conversión Simple

55 gramos de Al   ??? moles de Al

Necesitamos contar con un sistema que nos permita llevar un registro de estas unidades. En unos momentos, revisaremos cómo funciona este sistema. Retomemos el ejemplo del aluminio. Supongamos que un trozo pequeño de papel Al pesa alrededor de 0,2 g.

Esta es la forma de plantearlo. Primero, toma la medición original y colócala en el lado izquierdo de la página, luego, escribe en el lado derecho de la página las unidades que deseas para la respuesta:

0,2 g Al   x   ¿Qué factores de conversión?   = ?? átomos de Al

Luego, intenta averiguar lo que debes hacer para finalizar la conversión. Es posible que te demores un poco en encontrar los factores de conversión precisos para obtener la respuesta con las unidades correctas (en este caso, átomos de Al). Lo único que necesitas es tomar las relaciones de conversión correctas y, si es necesario, invertirlas para lograr que las unidades se anulen. Recuerda que son iguales invertidas o del lado correcto, ya que el numerador y el denominador son iguales:

$$0.2 \text{ g Al} \quad x \quad \frac{1 \text{ mole de Al}}{27 \text{ g Al}} = 7.4 \times 10^{-3} \text{ moles de Al}$$

En este caso, el factor de conversión se obtuvo de la tabla periódica: la cantidad de gramos en un mol de Al. Ahora podemos centrarnos en convertir todo a átomos, mediante el número de Avogadro:

$$7.4 \times 10^{-3} \text{ moles de Al} \quad x \quad \frac{6.022 \times 10^{23} \text{ Átomos de Al}}{1 \text{ mol de Al}} = 4.5 \times 10^{21} \text{ Átomos de Al}$$

Repito, en estas conversiones solo debes pensar que multiplicas por 1/1 y con eso deberías recordar que la cantidad que está arriba y la que está abajo en la relación que usas para convertir, siempre deben ser iguales entre sí. En realidad podemos unir estas dos conversiones y anular las unidades para obtener átomos de Al:

$$0.2\ g\ Al \times \frac{1\ mol\ de\ Al}{27\ g\ Al} \times \frac{6.022 \times 10^{23}\ Átomos\ de\ Al}{1\ mol\ de\ Al}$$

$$= 4.5 \times 10^{21}\ Átomos\ de\ Al$$

Observa cómo se anulan claramente las unidades (debido a la forma en que lo planteaste), dejándote las unidades de "átomos de Al". Así fue como averigüé cuántos átomos había en ese pequeño trozo de aluminio del capítulo del átomo.

En ocasiones, es necesario convertir algunas unidades de una sola vez, como kg/L a mg/mL. El método de conversión también te permite hacerlo. Tomemos un ejemplo de una conversión de unidades de kg/L a mg/mL:

$$0.1\ \frac{kg\ NaCl}{L\ H_2O} \times \text{¿Qué factores de conversión?}$$

$$= ??\ mg\ NaCl/mL\ H_2O$$

Lo que queremos es convertir desde kilogramos de NaCl por litro de H_2O a miligramos de NaCl por mililitro de H_2O. Esto es un poco más complicado, pero no es para asustarse ya que lo podemos dividir en partes. Veamos cada unidad por separado y llenemos los espacios en blanco con los factores de conversión:

- Ya que "L H_2O" está en el denominador del número original y las unidades del denominador de la respuesta son "mL H_2O", necesitamos buscar un factor de conversión para L a mL y colocar las unidades "L H_2O" en el numerador y "mL H_2O" en el denominador

- Utiliza este factor de conversión: 1 L H_2O = 10^3 mL H_2O

- Haz lo mismo para la segunda conversión de kg de NaCl a mg de NaCl. Queremos que los "kg de NaCl" estén en el denominador y los mg de NaCl en el numerador de modo que se anulen correctamente

- Usa 1 kg NaCl = 10^6 mg NaCl

$$0.1 \ \frac{kg \ NaCl}{L \ H_2O} \ \times \ \frac{1 \ L \ H_2O}{10^3 \ mL \ H_2O} \ \times \ \frac{10^6 \ mg \ NaCl}{1 \ kg \ NaCl}$$

$$= \ ?? \ mg \ NaCl/mL \ H_2O$$

Ahora, anulamos las unidades coincidentes para obtener la respuesta final:

$$0.1 \ \frac{kg \ NaCl}{L \ H_2O} \ \times \ \frac{1 \ L \ H_2O}{10^3 \ mL \ H_2O} \ \times \ \frac{10^6 \ mg \ NaCl}{1 \ kg \ NaCl}$$

$$= \ 100 \ mg \ NaCl/mL \ H_2O$$

Los problemas se hacen más sencillos si tachas con tu lápiz las unidades a medida que avanzas, tal como se muestra arriba.

O bien, tendríamos que averiguar la cantidad de producto que se crea a partir de una reacción. Esto es similar a otras conversiones, con la complicación adicional de tener que utilizar una reacción química para convertir de moles de reactivos a moles de producto:

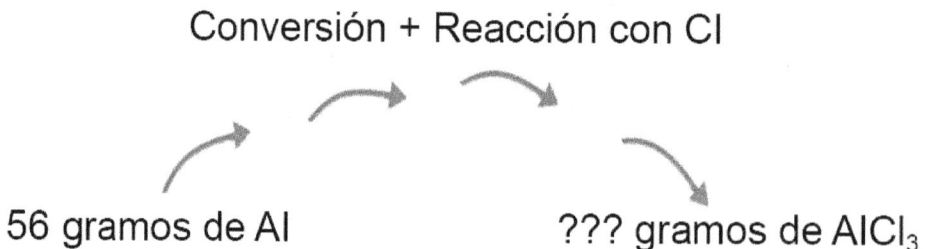

Conversión + Reacción con Cl

56 gramos de Al   ??? gramos de $AlCl_3$

En un capítulo posterior, verás que al utilizar este mismo método de conversión puedes averiguar la cantidad de producto que obtendrás a partir de una reacción química.

Igualmente, algunas veces en química decimos cm^3 (o centímetros cúbicos) en lugar de mL. Ambos significan lo mismo, por ejemplo, 40 cm^3 o mL corresponde a los "40 cc" que mencionan en los programas dedicados a temas de salud o en la consulta del médico cuando le van a poner una inyección a alguien. Cuando conviertes de cm^3 a m^3, es más fácil plantear la conversión de la siguiente manera:

$$40 \text{ moles NaCl/m}^3 \text{ of } H_2O \quad \times \quad \frac{(1 \text{ m})^3 \, H_2O}{(100 \text{ cm})^3 \, H_2O}$$

$$= \quad 4 \times 10^{-5} \text{ moles NaCl/cm}^3 \, H_2O$$

Ahora bien, si no has visto este tipo de problema antes, es probable que te preguntes cómo obtuve 10^{-5}, ya que 40 dividido por 100 es 0,4. Este es un error muy común en las clases de química, se elevan al cubo las unidades pero se olvidan de elevar el número al cubo. El valor completo entre paréntesis está elevado al cubo, lo que implica que divides por "10^6 cm^3", *no* "100 cm^3". Solo debes tenerlo presente cuando trabajes en tus problemas de conversión. Este es otro dato útil:

Si puedes hacer que las unidades se anulen para que la respuesta tenga las unidades correctas, tienes mayores posibilidades de obtener la respuesta correcta en un problema de conversión en química.

Es verdad, es tan simple como suena. Si estás estancado en una prueba, intenta la forma en que las unidades se anulen para que tu respuesta tenga las unidades correctas y aumenten tus probabilidades de tenerla correcta. No tendrás la respuesta como por arte de magia, pero al menos te podría permitir obtener crédito parcial o dejarte bien encaminado para encontrar la respuesta correcta.

Capítulo siete: Preguntas de repaso

1. ¿Por qué es importante adjuntarle unidades a los números cuando trabajas en los problemas de química?

    _____

    _____

    _____

    _____

2. ¿Qué debe suceder con el numerador y el denominador de un factor de conversión?

    _____

    _____

    _____

    _____

3. ¿De qué manera te ayuda a obtener la respuesta correcta a un problema de química el planteamiento de las conversiones para que las unidades se anulen?

    _____

    _____

    _____

    _____

Capítulo ocho:

Acidez y

Los ácidos y las bases son compuestos que tienen un tipo de reactividad especial. Los ácidos y las bases se encuentran presentes en nuestra vida cotidiana. El estómago usa ácidos para disolver las proteínas que comemos. Sabemos que el jugo de limón contiene ácido, porque su sabor es ácido. El bicarbonato de sodio es una base débil que seguramente ya has visto en el experimento del "volcán" en algún proyecto de ciencia durante la enseñanza primaria, donde se lo hace reaccionar con vinagre (ácido acético).

En primer lugar, hablaremos del ión H^+, que también se denomina protón. ¿Por qué lo llamamos protón? Si te fijas en la tabla periódica, en el capítulo del Átomo, verás que mientras que el helio (He) tiene dos protones y dos neutrones (lo que da un peso atómico de cuatro), el hidrógeno solo tiene un peso atómico de uno. ¿Por qué es así? ¿Por qué no tiene un peso igual a dos (un protón y un neutrón)? El hidrógeno es un elemento especial porque la forma más abundante que se encuentra en la superficie terrestre tiene solamente un protón y un electrón, pero no tiene neutrones.[5] Esto quiere decir que cuando le quitas ese electrón para obtener H^+, lo que realmente queda es solamente un protón. Por eso, en las clases de química, los *químicos usan los términos "H^+" y "protón" indistintamente.*

La teoría de Brønsted-Lowry sobre ácidos y bases define un ácido como una molécula que es capaz de *donar uno o más protones (iones H^+).* Las bases se definen como moléculas capaces de *aceptar protones.* Esta teoría se desarrolló en 1923.

La otra teoría sobre los ácidos y las bases se denomina la teoría de Lewis[6], que define al ácido como una molécula que puede *aceptar un par de electrones* y a la base como una molécula que puede *donar un par de electrones.* Esta definición suele ser más práctica, ya que no solo incluye las moléculas que tienen protones, sino que también las moléculas que son ácidos pero no tienen protones. No obstante, en este libro nos centraremos en los ácidos y las bases de Brønsted-Lowry porque son más fáciles de comprender cuando estás recién comenzando. Los ácidos y las bases de Brønsted-Lowry funcionan en conjunto para trasladar protones de un lugar a otro, cada ácido tiene una base asociada (que se denomina su *base conjugada*) y cada base tiene un ácido conjugado. Aquí te presento dos ejemplos:

- La base conjugada de HNO_3 (ácido nítrico) es NO_3^- (ión nitrato). En agua, el HNO_3 se separa para formar H^+ y NO_3^-.

- El ácido conjugado de la base amoniaco (NH_3) es NH_4^+ (ión amonio). En solución acuosa (agua), el NH_3 base reacciona con H_2O, elimina un protón de agua y forma iones NH_4^+ y OH^-.

La escala de pH es una forma de graficar la acidez y la . Es probable que

---

5   También hay otros dos tipos (denominados *isótopos*) de hidrógeno con 1 y 2 neutrones (denominados deuterio y tritio, respectivamente), pero no son tan abundantes en la tierra y, por lo tanto, los omitiré para los fines de este libro.

6   Aunque parezca extraño, esta teoría también se registró por primera vez en 1923.

hayas aprendido la escala de pH en tus clases anteriores de ciencia. Recuerda que los ácidos tienen un pH menor que 7, mientras que las bases tienen un pH mayor que 7. El agua, que se forma de la combinación de H^+ y OH^-, tiene un pH perfectamente neutro de 7. Este número se utiliza porque los experimentos han demostrado que el agua se ioniza levemente por naturaleza, con unos 10^{-7} moles/L de iones H^+ y 10^{-7} moles/L de iones OH^-. Søren Peder Lauritz Sørensen definió en 1909 la escala de pH como el logaritmo negativo (base 10) de la concentración de iones H^+:

$$-\log (10^{-7}) = 7 = \text{pH del agua pura}$$

Las opiniones de los científicos están divididas respecto al significado que Sørensen le daba a la "p" del pH: hay quienes dicen que pH en realidad quiere decir "potencial de hidrógeno". En realidad no tiene mucha importancia su significado, pero la palabra "potencial" puede ayudarte a recordar que involucra exponentes.

La escala de pH es *logarítmica*, lo que significa que la acidez aumenta drásticamente cuando el pH disminuye. Por lo tanto, un pH de 3 es diez veces más ácido que un pH de 4, un pH 2 es diez veces más ácido que un pH 3 y así sucesivamente. La escala de Richter, que se utiliza para medir la magnitud de los terremotos, tiene una escala exponencial similar. Un terremoto de 7,0 es diez veces más fuerte que un terremoto que mide 6,0; asimismo, 6,0 es diez veces más fuerte que 5,0 y así sucesivamente en la escala.

Si añades una cantidad suficiente de ácido a una cierta cantidad de agua pura de manera que la concentración de iones H^+ en la solución ahora sea diez veces mayor, entonces el pH *baja* en uno, debido a que $10^{-7} \times 10 = 10^{-6}$ es mayor que 10^{-7}. El pH cambiaría de 7 a 6 debido a que $-\log (10^{-6}) = 6$.

Si la concentración de iones H^+ *disminuye* en una solución ácida al añadir una base para que reaccione con los iones H^+ (ya que $H^+ + OH^-$ forman H_2O), el pH *sube*. Nuevamente, tendrías aumentar la concentración de iones OH^- por un factor de diez para que el pH aumente en uno.

Es muy importante controlar la acidez y la en las reacciones químicas. Muchas de las reacciones que suceden en nuestro cuerpo son reacciones acidobásicas. Si se produjera algún conflicto con estas reacciones, podríamos estar en serios problemas. Es posible que hayas escuchado de alguien que tiene un desequilibrio hidroelectrolítico; que corresponde al término médico para las alteraciones acidobásicas en el cuerpo. Esta enfermedad suele producirse por deshidratación y mala nutrición.

En clases de química deberás equilibrar muchas reacciones acidobásicas, por lo que te resultará muy útil conocer la realidad práctica de estas sustancias y sus reacciones. En el capítulo dedicado a las reacciones químicas (el capítulo final de este libro), entrego un ejemplo de una reacción acidobásica.

Capítulo ocho: Preguntas de repaso

1. ¿Qué dos sustancias ácidas presentes en tu vida cotidiana puedes recordar?

   _____

   _____

   _____

2. ¿Puedes nombrar algunas bases de uso común? ¿Para qué se utilizan?

   _____

   _____

   _____

3. ¿Las bases tienen un pH mayor o menor que 7?

   _____

   _____

   _____

4. ¿Qué quiere decir "pH"?

   _____

   _____

   _____

5. ¿Hay ácidos o bases en nuestro cuerpo? ¿Cuáles son?

   _____

   _____

   _____

6. ¿Qué es un desequilibrio hidroelectrolítico?

_____

_____

_____

Capítulo nueve:

La ley de los gases ideales

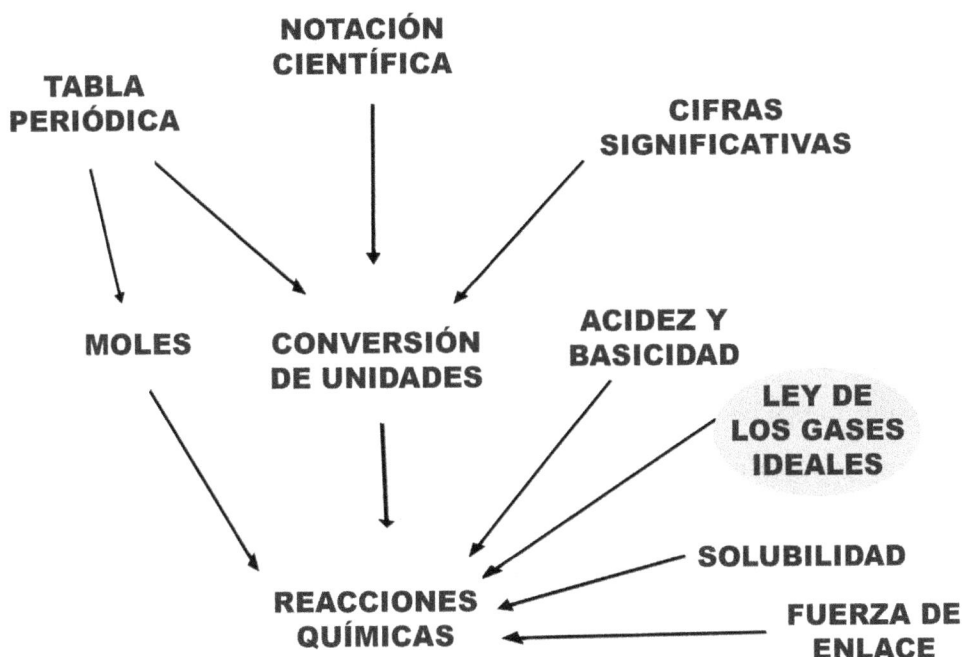

```
        NOTACIÓN
        CIENTÍFICA
 TABLA                      CIFRAS
PERIÓDICA                SIGNIFICATIVAS



                                    ACIDEZ Y
  MOLES      CONVERSIÓN             BASICIDAD
             DE UNIDADES
                                        LEY DE
                                       LOS GASES
                                        IDEALES

                                    SOLUBILIDAD
             REACCIONES
             QUÍMICAS               FUERZA DE
                                     ENLACE
```

Un gas ideal corresponde a un gas hipotético cuyas moléculas chocan entre sí o contra las paredes de su recipiente, pero sin ganancia de energía a partir de estas colisiones. El tamaño de cada molécula o átomo también se considera que es tan pequeño, que es insignificante.

A temperatura ambiente, muchos gases se comportan de manera bastante similar a un gas ideal o por lo menos, lo justo para nuestros propósitos. La ley de los gases ideales es un concepto fundamental en las clases de química. Se utiliza para determinar cuántos moles de un gas hay en un recipiente de un volumen determinado, a una temperatura determinada (esto se conoce como *sistema*). Esta ley es útil para determinar la cantidad de gas que se debe añadir a una reacción química, si uno de los reactivos está en forma de gas. También se puede utilizar para determinar la cantidad de gas que produce una reacción. Asimismo, si conoces el número de moles del gas, esta ecuación puede ayudarte a determinar las otras propiedades físicas de las moléculas que hay en el sistema (como temperatura, volumen o presión).

La ecuación asociada con esta ley de gases es **PV = nRT**, donde

- P es la presión que ejerce el gas sobre su recipiente
- V es el volumen que ocupa el gas
- n es el número de moles del gas
- R es la constante del gas (8,314 J/(mol K))
- T es la temperatura en grados Kelvin (K)

A primera vista, insertar números en PV = nRT puede parece fácil, pero no te dejes engañar. Si no estudias los conceptos que se involucran en esta ecuación, te será mucho más difícil trabajar los problemas más complejos que vienen más adelante.

Cómo resolver los problemas de gases ideales

En la clase de química, comenzarás con problemas que te dan todas las variables de la ecuación de la ley de los gases ideales, excepto una; entonces tienes trabajar para resolver esa variable. Los problemas más avanzados involucran ecuaciones de dos variables, como los que hiciste en clases de algebra con "x" e "y". Conocer la ecuación básica de la ley de los gases ideales es un comienzo, pero si ves que tienes dificultades, lo mejor es que vuelvas a practicar algo de algebra utilizando esta ecuación.

Por ejemplo, puedes encontrarte con problemas que tratan con el estado inicial y final de un sistema. Es posible que te encuentres con algo parecido a lo siguiente, donde el subíndice 1 se refiere al estado inicial del sistema y el subíndice 2, al estado final (después de realizar alguna acción con el sistema, como calentarlo o aplicar más presión):

$$\text{Si } P_1V_1 = \textbf{nRT}$$

$$\text{y } P_2V_2 = \textbf{nRT}$$

$$\text{Luego, } P_1V_1 = P_2V_2$$

Si este tipo de ecuación de lógica matemática te causa dificultades, te sugiero de todas maneras que repases algebra con un profesor de química o matemáticas.

A medida que leas los ejemplos siguientes, no dejes de observar la ecuación PV=nRT e intenta ver la forma en que la matemática coincide con la descripción.

Presión y volumen (*PV* = nRT)

Cuando aprietas un globo, ¿qué sucede? Sientes como presiona contra tu mano. A nivel molecular, la presión de un gas es causada por todas las moléculas de nitrógeno y oxígeno que chocan contra las paredes del globo y vuelven a rebotar. Son tantas moléculas y tan pequeñas, que no puedes sentir los choques individuales; solo sientes una presión constante.

Cuando aprietas el globo, haces que el volumen del globo disminuya, lo que aumenta la presión del gas que está adentro. Otra parte del globo también se estira para liberar parte de la presión.

Imagina que todas las moléculas del globo son personas en los pasillos de tu es-cuela. Entre cada clase, cuando los pasillos

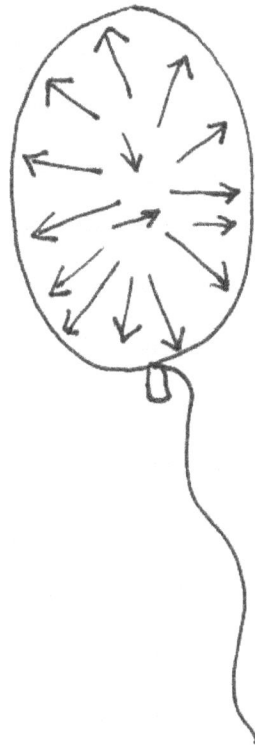

están llenos de gente, es mucho más probable que choques con alguien al caminar, a diferencia de lo que sucede cuando solo hay una o dos personas caminando (el mayor número de moles de personas causa más choques, lo que a su vez, provoca un aumento de presión).

Ahora imagina que los pasillos comienzan a cerrarse en torno a ti (la disminución de volumen provoca más colisiones), chocarías cada vez más con las otras personas y probablemente, también te empujarían algunas veces contra la pared en tu intento por llegar a la próxima clase. Esto es lo que sucede con las moléculas del globo cuando lo aprietas y disminuyes el volumen. Se golpean con más energía y se estrellan contra las paredes, que es lo que sientes como presión en tus manos al apretar el globo.

P y V son *inversamente proporcionales,* cuando uno disminuye, el otro aumenta. Si *disminuyes* el volumen de un recipiente con una pared movible, la presión del gas que está adentro *aumenta*. Igualmente, si *aumentas* el volumen del mismo recipiente, la presión del gas que está adentro *disminuye*.

Piensa en una jeringa cerrada (sin la aguja). Si colocas tu dedo sobre el orificio del extremo y aplicas presión en el émbolo, el volumen disminuirá y sentirás que la presión contra el émbolo aumenta: el volumen disminuye, la presión aumenta. Si tiras del émbolo, sentirás que hay menos presión que empuja contra el émbolo dentro de la jeringa: el volumen aumenta, la presión disminuye.

Al mirar la ecuación PV=nRT, si mantenemos constante la temperatura (T) y el número de moles (n) durante un cambio en el sistema, entonces:

- $P_1V_1 = nRT = P_2V_2$, de modo que $\mathbf{P_1V_1 = P_2V_2}$ cuando T y n son constantes

- Si el volumen inicial (V_1) *disminuye* a medida que el sistema avanza hacia su volumen final V_2 (cuando empujas el émbolo), entonces la presión P_1 tiene que *aumentar* a medida que avanza hacia su presión final P_2, de manera que el lado izquierdo y el derecho de la ecuación permanezcan iguales

Temperatura (PV = nR*T*)

La temperatura es *directamente proporcional* a la presión y el volumen de un gas. Entonces, cuando aumentas la temperatura, el volumen o la presión también deben aumentar. A medida que la temperatura aumenta, los átomos y las moléculas comienzan a moverse cada vez más rápido. Piensa nuevamente en los pasillos de tu escuela. Si todos comienzan a correr en lugar de caminar a clases, la cantidad de choques entre tú y las demás personas definitivamente aumentará.

Otro ejemplo son las llantas de un automóvil. La presión de las llantas aumenta en el verano, mientras que en invierno disminuye. Por lo tanto, las llantas se inflan un poco más en condiciones de calor. La mayor temperatura causa un aumento de la presión en las llantas, lo que provoca que el volumen de gas aumente levemente para intentar aliviar la presión. Si un automóvil se incendia, las llantas explotan producto del calor intenso que hace aumentar la presión interna hasta que se rompen las paredes de la llanta, ya que no puede continuar resistiendo la enorme presión de los gases calientes.

También sucede lo contrario, a medida que la temperatura disminuye, tanto la presión como el volumen del gas disminuyen. Si colocas un globo inflado en el congelador por unos 15 minutos, al sacarlo parecerá que está parcialmente inflado. El aire se mantuvo dentro del globo; solo que los átomos se desaceleraron por el frío, ya no chocan con las paredes de globo con tanta rapidez o frecuencia. Esto reduce la presión en las paredes del globo, lo que provoca que se desinfle.

Cuando sacas el globo del congelador, vuelve a entibiarse y a recuperar su tamaño original después de unos 15 minutos. Otra vez lo mismo, el aumento de la temperatura hace que la presión aumente, lo que luego provoca que el volumen del globo flexible aumente hasta que la presión quede igual a la de la atmósfera que lo rodea.

Número de moles (PV = nRT)

El número de moles de gas es (al igual que la temperatura) directamente proporcional a la presión y el volumen. A medida que el número de moles aumenta, ya sea la presión o el volumen (o ambos) aumentan. Imagina que estás inflando un globo, piensa en las moléculas de gas que ingresan a toda velocidad en el globo a medida que lo inflas. Debido a que el globo es flexible, aumenta primero la presión y luego, el volumen del globo, hasta que la presión dentro del globo es lo suficientemente cercana a la presión atmosférica circundante como para que su presión ya no permita continuar expandiendo las paredes del globo.

Si mantenemos constante ese volumen (por ejemplo, si colocamos el globo en una caja antes de inflarlo), la presión del gas que está atrapado crece a medida que aumenta el número de moles de gas. Si tuviéramos un globo ultra flexible y lográramos mantener la presión constante, entonces, con el mayor número de moles solo aumentaría el volumen, no así la presión.

En el próximo capítulo, repasaremos los sólidos y las soluciones y aprenderemos sobre otro concepto muy útil para realizar reacciones químicas.

Capítulo nueve: Preguntas de repaso

1. ¿Cuál es la principal ecuación asociada con la ley de los gases ideales?

_____

_____

_____

2. ¿Qué es lo que provoca presión en las paredes de un recipiente, a nivel molecular (micro)?

_____

_____

_____

3. ¿Por qué es importante saber algebra para poder resolver los problemas con gases ideales?

_____

_____

_____

Capítulo diez:

Solubilidad

NOTACIÓN CIENTÍFICA

TABLA PERIÓDICA

CIFRAS SIGNIFICATIVAS

MOLES

CONVERSIÓN DE UNIDADES

ACIDEZ Y BASICIDAD

LEY DE LOS GASES IDEALES

SOLUBILIDAD

REACCIONES QUÍMICAS

FUERZA DE ENLACE

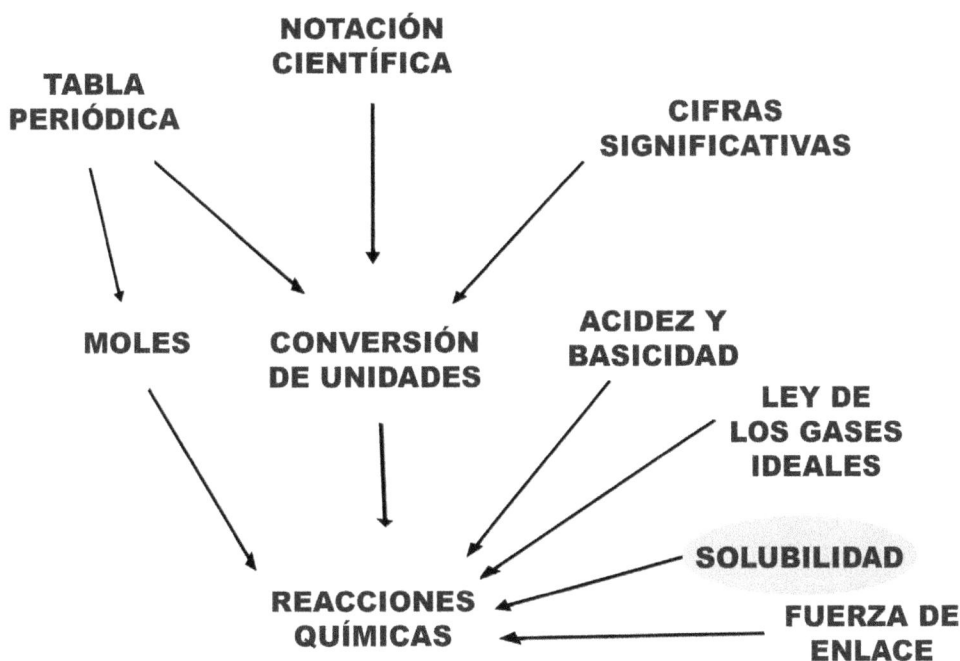

Piensa unos instantes en el proceso de limpieza en seco de la ropa. ¿Cómo funciona? ¿El proceso de limpieza en seco realmente utiliza algo seco, como algún polvo? Pues bien, la limpieza en seco se denomina así porque no utiliza agua, pero sí utiliza algún líquido.

Lo que sucede cuando usas tu ropa es que los aceites (grasas) de tu piel se acumulan en las prendas, lo que permite que la suciedad quede atrapada en ellas. Las bacterias comienzan a multiplicarse y a digerir los aceites, despiden productos de desecho con mal olor y finalmente, tienes que lavarla. Los aceites son **hidró-fobos**, lo que significa que le "temen al agua". El agua corriente no eliminará esos aceites de tu ropa. Por otro lado, las moléculas que son solubles en agua se conocen como **hidrófilas**, lo que significa que "adoran el agua".

Es probable que ya hayas hecho la prueba de verter aceite en agua y comprobado que los dos líquidos no se mezclan. El aceite puede traspasar la superficie del agua por unos segundos debido a la gravedad, pero rápidamente se deposita como una capa en la superficie del agua. El agua es más densa que el aceite, motivo por el cual el aceite permanece arriba.

Si echas unas gotas de aceite en un vaso de agua, verás que el aceite no se separa y quedan gotitas en la superficie. Esto no se debe principalmente a que las moléculas de aceite se atraigan entre sí, más bien es que le "temen" al agua que las rodea, es decir, que son hidrófobas. Se empujan entre sí para alejarse lo más posible del agua y terminan aglomerándose en la parte superior del agua.

Las prendas cuya etiqueta dice "solo limpieza en seco" se arruinan al sumergirlas en agua, por lo que no puedes llegar y meterlas en la lavadora. Debes llevarlas a una lavandería en seco. El proceso de limpieza en seco utiliza un solvente hidrófobo, por lo general, una sustancia química clorada a base de carbono como tricloroetileno (también denominado percloroetileno). Las prendas se agitan en este solvente, hasta que disuelve todos los aceites que dejó tu cuerpo y los elimina. Las prendas no llegan a mojarse con agua, de manera que no se encojen ni se deforman. Cuando el solvente para limpieza en seco ya está muy sucio, se recicla (al separar el solvente puro de la suciedad y la grasa (aceite) por medio de la destilación) y luego se reutiliza.

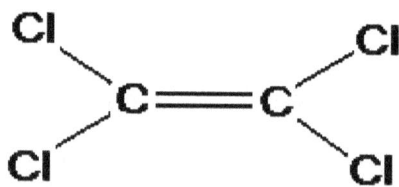

$$Cl_2C=CCl_2$$

Tetracloroetileno

En el caso de la ropa normal, la pondríamos en la lavadora con jabón, que tiene propiedades hidrófobas e hidrófilas. El jabón disuelve la grasa y la hace soluble en agua, lo que permite su eliminación con agua.

A continuación se muestra una molécula de jabón, representada con un dibujo químico simplificado. El extremo hidrófobo de la molécula puede disolver aceites, mientras que el extremo hidrófilo se disuelve en el agua circundante. Cuando la ropa se enjuaga, el agua disuelve el extremo hidrófilo, que luego, por supuesto, arrastra consigo el extremo hidrófobo del jabón que contiene los aceites y la suciedad pegados.

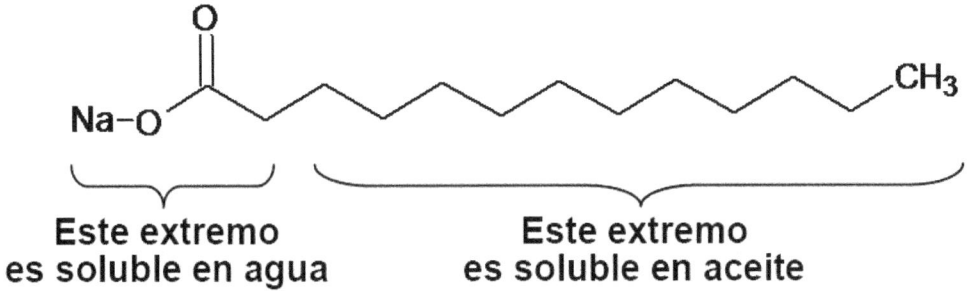

Este extremo es soluble en agua   **Este extremo es soluble en aceite**

Existen muchos tipos diferentes de detergentes y jabones que básicamente funcionan de la misma forma que esta molécula. Las empresas dedicadas a la fabricación de detergentes de lavandería emplean mucho tiempo en investigación para encontrar mejores formas de disolver la mayor variedad posible de suciedad, manchas y aceite de la ropa.

Una frase útil que recordar con respecto a la solubilidad es que *lo similar disuelve a lo similar.* Los líquidos hidrófobos (como el solvente para limpieza en seco) disuelven otros líquidos hidrófobos (tal como los aceites de la piel) y los líquidos hidrófilos (como el agua) disuelven otras sustancias hidrófilas (como la sal de mesa).

Capítulo diez: Preguntas de repaso

1. ¿Cuál es el significado de hidrófobo e hidrófilo en química?

    _____

    _____

    _____

    _____

2. ¿De qué manera se limpia la ropa con el proceso de limpieza en seco?

    _____

    _____

    _____

    _____

3. ¿De qué manera limpian la ropa el agua y el jabón?

    _____

    _____

    _____

    _____

Capítulo once:

Enlaces químicos

NOTACIÓN
CIENTÍFICA

TABLA
PERIÓDICA

CIFRAS
SIGNIFICATIVAS

MOLES   CONVERSIÓN
DE UNIDADES

ACIDEZ Y
BASICIDAD

LEY DE
LOS GASES
IDEALES

SOLUBILIDAD

REACCIONES
QUÍMICAS

FUERZA DE
ENLACE

Este capítulo trata sobre algunos conceptos básicos que involucran los enlaces químicos y la liberación de energía asociada con la ruptura de los enlaces químicos. Los enlaces químicos se refieren a la manera en que los átomos "se pegan" para formar moléculas y es uno de los principales motivos por los que la química es tan útil; conocer la fuerza de los enlaces químicos indica la cantidad de energía que hay almacenada dentro de una molécula. Conocer los tipos de enlaces que hay en una molécula también da indicios de lo que puede hacer la molécula o qué otras moléculas pueden reaccionar con ella.

En este preciso instante, en tu cuerpo se están rompiendo y formando cantidades infinitas de enlaces químicos que permiten generar la energía que necesitas para moverte y mantenerte vivo. El estudio de estos enlaces, es una de las formas que tienen los científicos para averiguar cómo funciona el organismo y la forma de sanar las enfermedades.

La regla del octeto

Los átomos tienden a seguir la regla del octeto. Esto significa que desean ocho (un octeto) electrones en su capa externa de electrones, que se conoce como la capa de valencia. En la capa de valencia, los electrones se encuentran más lejanos del núcleo del átomo y tienen mayores probabilidades de interactuar con los electrones de otros átomos. Algunos átomos más pequeños, como el hidrógeno, solo desean dos electrones en su capa externa, pero esto se debe a que tienen tan pocos protones, que no tienen suficiente carga positiva para aferrarse a ocho electrones con carga negativa. Para poder atraer cantidades mayores de electrones, la carga positiva del núcleo del átomo debe ser lo suficientemente grande. Por ejemplo, un átomo con tres protones, nunca podría aferrarse a ocho electrones (carga −8) con su débil carga +3.

Cuando sea necesario dibujar moléculas y comprender cuántos electrones necesita un átomo para ser feliz (los átomos son "felices" cuando están en su estado de menor energía, es decir, estables) es útil dibujar lo que se llaman estructuras de puntos por electrones. Son muy prácticas para llevar un registro de los electrones. Por ejemplo, la estructura para el agua se ve así:

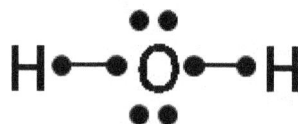

$$H \bullet\!\!-\!\!\bullet \overset{\displaystyle \bullet\bullet}{\underset{\displaystyle \bullet\bullet}{O}} \bullet\!\!-\!\!\bullet H$$

Primero, estudiaremos el átomo de oxígeno (O). Ten en cuenta que los electrones que están más cercanos al átomo de oxígeno pueden llegar a seis. Esto quiere decir que el átomo de oxígeno es neutro, con sus cargas positivas y negativas exactamente equilibradas. ¿Cómo lo sé? Miré la tabla periódica y encontré que el oxígeno está en la sexta fila, contando desde la izquierda. Significa que tiene seis electrones de valencia su capa externa cuando no tiene una carga.

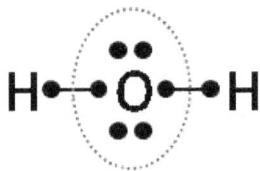

Si cuentas los electrones de valencia más los electrones que están en el otro extremo de cada enlace con hidrógeno, suman ocho.

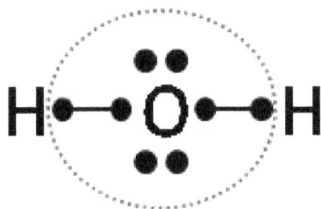

Ocho es el "'número mágico", así sabes que la molécula de agua está feliz, aunque no necesariamente neutra. Si solo hubiera cinco electrones de valencia en el átomo de oxígeno, tendrías que asignarle una carga positiva a la molécula. Si solo hubiera un electrón más, habría una carga negativa. Los átomos se cargan cuando la cantidad de protones y de electrones de valencia es distinta. Te aconsejo que trates de dibujar algunas de estas estructuras para los átomos y luego, para algunas de las moléculas que se han analizado hasta ahora en el libro (NH_3, NH_4^+). Observa las moléculas que acaban con pares libres de electrones (como los electrones no enlazantes que aparecen en el diagrama anterior del agua).

La mayoría de las moléculas que verás en la enseñanza secundaria y los cursos introductorios de química siguen la regla del octeto. Pero como sabes, toda regla tiene una excepción. Hay situaciones en que la regla del octeto no se aplica, pero no las veremos en este libro porque involucran química más avanzada. Solo debes tener presente que el octeto en ocasiones se puede ampliar a diez o más electrones en el caso de algunos de los átomos más grandes.

Si decides continuar con estudios de química, el método de las estructuras de puntos por electrones (que también se conoce como modelo de *Repulsión de los pares de electrones de la capa de valencia* [VSEPR]) te ayudará a comprender muchos tipos de reacciones, especialmente en química orgánica (el estudio de las moléculas que contienen carbono).

Enlaces

En química, para mostrar la cantidad de energía que se requiere de un enlace o la cantidad de energía que se libera cuando se rompe un enlace, usamos las unidades de joules (J) o calorías (Cal). Ya que en el mundo real por lo general hablamos de la cantidad de energía que se libera cuando se rompen *muchos* enlaces en una gran cantidad de moléculas en reacción, solemos utilizar unidades de J/mol o Cal/mol para mostrar los cambios de energía.

Un enlace fuerte se denomina enlace de alta energía y el enlace débil, enlace de energía baja. Hay muchos tipos de enlaces distintos y las diferencias entre los tipos de enlaces se reducen a lo que realizan los electrones. La fuerza de enlace también determina si una sustancia a temperatura ambiente es un sólido, un líquido o un gas. Esta es una escala que muestra las fuerzas relativas aproximadas de los enlaces:

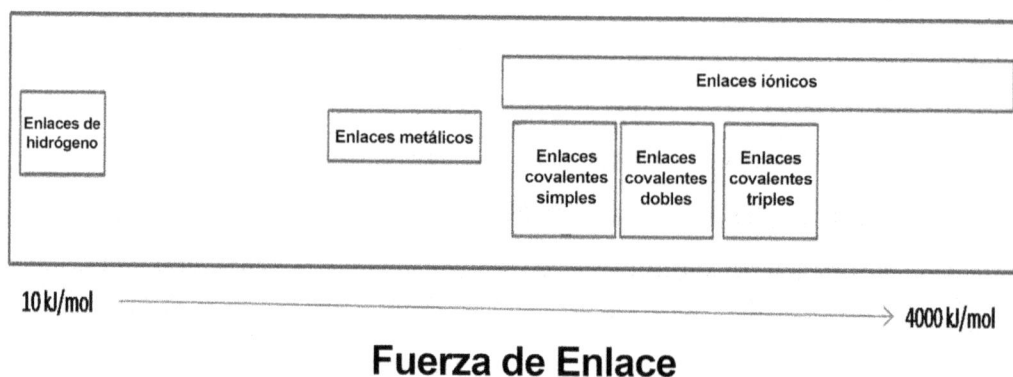

Fuerza de Enlace

Este dibujo es tan solo para que te hagas una idea general de la fuerza relativa de los diferentes tipos de enlaces. Ten en cuenta que los enlaces iónicos pueden ser tan fuertes, o incluso más fuertes, que los enlaces covalentes. No es posible determinar qué tan fuerte es un enlace con solo mirar el tipo de enlace que es, la fuerza de cada enlace se determina de manera experimental al llevar a cabo diversas reacciones y medir la energía que utiliza o libera la reacción.

¿Qué diferencia hay entre un enlace covalente y uno iónico o metálico? ¿Y qué hay de los otros enlaces que aparecen en la escala? Ahora veremos cada uno en mayor detalle.

Enlace iónico

En un enlace iónico, hay otro átomo que "roba" uno o más electrones. Es similar a las relaciones simbióticas, que aprendiste en la clase de biología. Un átomo desea un electrón adicional; el otro átomo tiene uno que desea perder, por lo que ambos se benefician.

Los átomos que participan en los enlaces iónicos, por lo general desean obtener la misma cantidad de electrones de la capa externa que uno de los gases nobles (helio (He), neón (Ne), etc.), que aparecen en el extremo derecho de la tabla periódica.

Los electrones que rodean a un átomo tienen niveles de energía, algo así como las capas de la cebolla. Los gases nobles como el Ne tienen ocho electrones en su capa externa que corresponden con sus ocho protones, lo que los deja con energía extremadamente baja y con muy pocas probabilidades de reaccionar con cualquier otro átomo. Cualquier otro átomo que no sean los gases nobles, deben soltar o ganar un electrón (es decir, obtener una carga positiva o negativa) para llegar a este estado de ocho electrones de valencia. Esta es la excepción: el He solo tiene dos electrones en total, de modo que Li y Be solo intentarán tener un total de dos electrones en su capa externa (para formar Li^+ y Be^{+2}).

El siguiente esquema muestra cómo se forma un enlace iónico.

Na   Cl

Tanto el sodio como el cloro son neutros, pero
quisieran tener la misma cantidad de electrones que
el gas noble más cercano.

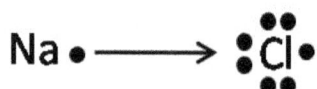

Na •⟶ :C̈l•

El sodio pierde un electrón para que el cloro
pueda obtener la configuración de electrones del
neón. El cloro gana un electrón para obtener la
configuración del argón.

Na⁺

Ahora el sodio
tiene un electrón
menos y carga
positiva.

:C̈l:⁻

Ahora el cloro
tiene un electrón
más, por lo que su
carga es negativa

Na⁺ Cl⁻

Ambos se atraen entre sí debido a sus cargas
opuestas, lo que forma un enlace iónico.

El sodio (Na) está en el extremo izquierdo de la tabla periódica. Si puede
deshacerse de un electrón, tendrá la misma cantidad de electrones en su capa
externa que el Ne. El cloro (Cl) está en la penúltima columna, al lado derecho de
la tabla periódica. Si puede obtener un electrón adicional, puede tener la misma
cantidad de electrones en la capa externa que el argón (Ar).

Una vez que se transfiere el átomo, estos dos átomos (que ahora son iones)
quedan con cargas opuestas (Na^+ y Cl^-), por lo que se atraen fuertemente entre sí.
La conexión que establecen se conoce como enlace iónico.

Por cierto, existe un equilibrio entre la necesidad de un átomo de tener ocho electrones para completar su capa externa y su necesidad de ser neutro. Por lo general, está bien que pierda o gane uno o dos electrones, siempre y cuando el átomo llegue a tener el octeto. Si el átomo pierde o gana más de tres electrones se vuelve muy inestable, por lo que en la mayoría de los átomos es muy poco probable que esto suceda, aun si implica que puede completar su octeto.

Enlace covalente

Un enlace covalente es aquel donde dos átomos *comparten* los electrones. En lugar de que los electrones solo permanezcan cerca del núcleo de un átomo, se pueden asociar con más de un núcleo. Si pudiéramos congelar los electrones y tomar una fotografía, un enlace entre hidrógeno y flúor podría verse más o menos así:

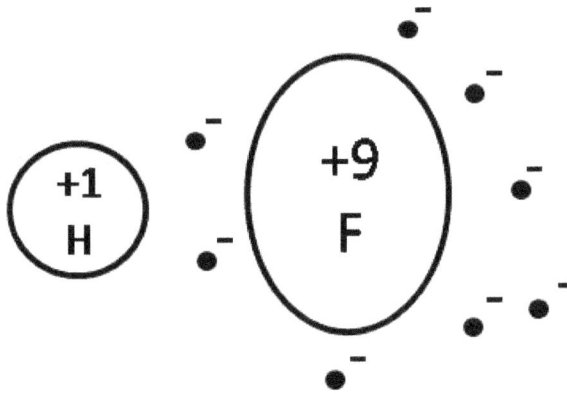

El hidrógeno (H) es el núcleo más pequeño y el flúor (F), es el más grande. Dos de los ocho electrones totales aparecen compartidos entre dos núcleos. En la notación química estándar, se mostraría como H–F. Las versiones más fuertes de este enlace se denominan enlaces dobles y triples e involucran formas de compartir que son más complicadas y almacenan más energía.

El cianuro de hidrógeno, HCN, es un veneno muy potente debido a su enlace triple de alta energía, que libera una gran cantidad de energía en el cuerpo si llega a ingerirse. Este enlace se vería como la figura de abajo. El nitrógeno tiene dos electrones que no participan en el enlace de esta molécula. En la representación química simplificada, esta molécula se muestra como H–C≡N.

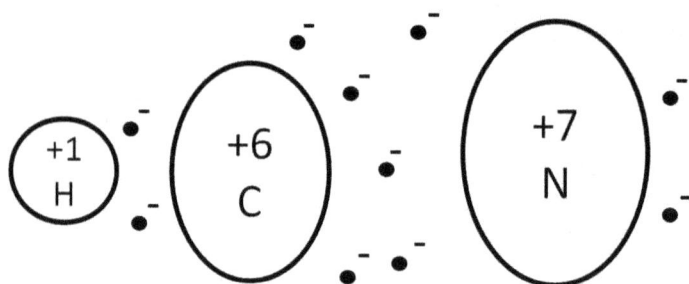

Enlace de hidrógeno

Un enlace de hidrógeno es un tipo de enlace dipolo-dipolo[7] entre el átomo de hidrógeno y otro átomo que tiene carga negativa parcial en dos moléculas diferentes. El mejor ejemplo está en el agua. El hidrógeno de una molécula de agua tiene una carga levemente positiva y el oxígeno tiene una carga levemente negativa, de manera que se atraen de manera muy débil. Es más o menos así:

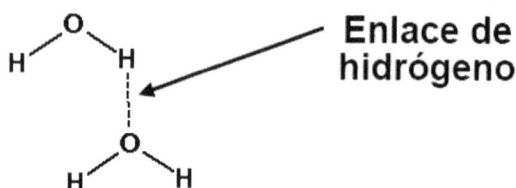

Enlace de hidrógeno

Enlace metálico

Un enlace metálico es lo que mantiene unidos a los iones con carga positiva de los átomos de metal (los iones con carga positiva se denominan *cationes* y los

---

7   Dipolo: una situación donde los electrones compartidos por dos átomos se mueven más hacia uno de los átomos, causando una carga levemente positiva en el átomo con menos electrones y una carga levemente negativa en el átomo que acaba con más electrones.

con carga negativa, *aniones*). Los metales puros son una colección de cationes de metales, rodeados por un "mar" de electrones. Por eso, cuando hablamos de un enlace metálico, en realidad nos referimos al promedio de un grupo grande de enlaces. Si pudiéramos verlo, sería algo así:

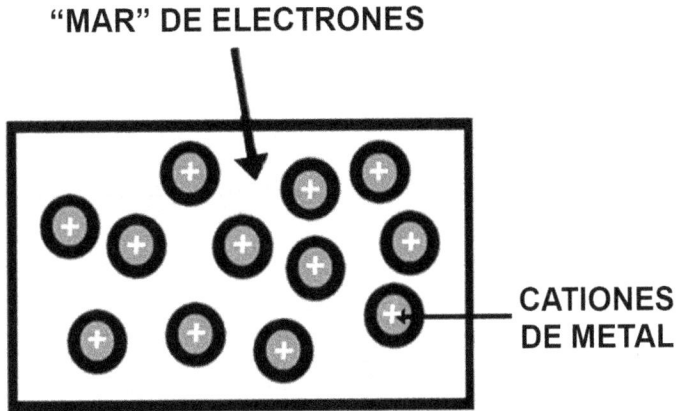

"MAR" DE ELECTRONES

CATIONES DE METAL

Los enlaces son importantes en química porque proporcionan la energía que se requiere para llevar a cabo una reacción que genera los productos. Pensar que los enlaces son como grupos de electrones que siempre están en movimiento, puede ser útil para visualizar y comprender el comportamiento de los átomos y las moléculas de manera más eficaz.

Capítulo once: Preguntas de repaso

1. ¿Qué es la regla del octeto y por qué es tan útil?

   _____

   _____

   _____

2. ¿Qué tipos de enlaces tienen electrones compartidos?

   _____

   _____

   _____

3. ¿Qué tipos de enlaces tienen electrones "robados"?

   _____

   _____

   _____

4. Explica qué es un enlace dipolo-dipolo y cuál de los tipos de enlace trata-
   dos en este capítulo es de este tipo.

   _____

   _____

   _____

Capítulo doce:

Reacciones químicas

NOTACIÓN CIENTÍFICA

TABLA PERIÓDICA

CIFRAS SIGNIFICATIVAS

MOLES

CONVERSIÓN DE UNIDADES

ACIDEZ Y BASICIDAD

LEY DE LOS GASES IDEALES

SOLUBILIDAD

REACCIONES QUÍMICAS

FUERZA DE ENLACE

Hemos llegado a la parte divertida, las reacciones químicas. Aquí es donde la química se vuelve interesante y donde puedes poner en práctica algunas de las herramientas que has aprendido. En clases estudiarás las reacciones con mayor detalle, pero en este libro deseo mostrarte la forma en que las reacciones se integran con los otros conceptos que hemos revisado.

Este es un ejemplo de un problema que se puede resolver utilizando conocimientos de química (aunque lo más probable es que este problema nunca salga del laboratorio de química). Supongamos que tienes un litro de ácido clorhídrico (HCl) y deseas neutralizarlo para que no cause daño. ¿Cómo sabes cuánto neutralizador de ácidos debes utilizar? ¿Recuerdas el mol? Resulta útil cuando deseamos llevar a cabo una reacción como esta, porque cuando haces reaccionar una sustancia química con otra, necesitas saber qué cantidad de moléculas de cada reactivo requieres para obtener un buen producto (o como mínimo, ¡un producto!). Esto se debe a que las reacciones se dan a nivel micro, pero tal como lo señalé antes, es más fácil medirlas a nivel macro, donde las cantidades de las sustancias involucradas se pueden ver a simple vista.

En el fondo, nuestro objetivo es poder tomar todos los iones H^+ de la mezcla de la reacción y hacerlos reaccionar con un ión OH^-. Esto conduce a una cantidad enorme de reacciones individuales. Por ejemplo, supongamos que tenemos un mol de moléculas de HCl y deseamos neutralizarlo con una base, como el hidróxido de sodio (NaOH). Vamos a necesitar un mol de iones OH^- (del NaOH) para que reaccione con el mol de iones H^+ (que libera el HCl). Tanto el NaOH como el HCl se separan en iones cuando se disuelven en agua.

Necesitamos la misma cantidad de moléculas de NaOH y de moléculas de HCl para que haya una correspondencia de uno en uno de las moléculas. Los productos de la reacción son agua y sal (H_2O y NaCl). Recuerda, NaOH y HCl tienen pesos moleculares diferentes, por lo que no basta con añadir un peso igual de NaOH al HCl. Debes usar moles para dar cuenta de la diferencia de peso molecular entre las dos moléculas.

Así es como representamos este tipo de reacción. Cada número indica la cantidad de moles de esa molécula. Generalmente, no es necesario mostrar el "1" para 1 mol, pero decidí incluir los números para que quede más claro:

$$1\ HCl + 1\ NaOH \longrightarrow 1\ H_2O + 1\ NaCl$$

A propósito, el proceso para averiguar el número de moles que se requiere para que una reacción se desarrolle por completo, se denomina *estequiometría*.

La ecuación de arriba es solo una forma más sencilla de anotar esta afirmación:

6.022 x 10^{23} Moléculas de HCl + 6.022 x 10^{23} Moléculas de NaOH

$$\downarrow$$

6.022 x 10^{23} Moléculas de H_2O + 6.022 x 10^{23} Moléculas de NaCl

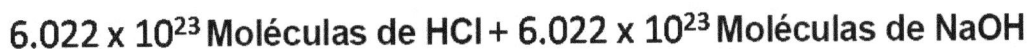

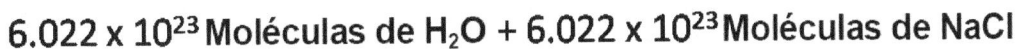

La ecuación que se muestra arriba es muy simple, la verdad es que puede llegar a ser mucho más complicado. Por ejemplo, supongamos que decides utilizar hidróxido de calcio, cuya fórmula es $Ca(OH)_2$, en lugar de hidróxido de sodio. Solo requieres la mitad de moles de $Ca(OH)_2$ para neutralizar el HCl, debido a que cada molécula de $Ca(OH)_2$ libera dos iones OH^- cuando se produce la reacción. Otra forma de decir lo mismo es que la mitad de un mol de $Ca(OH)_2$ contiene 6,022 x10^{23} OH^- iones:

$$1 \text{ HCl} + 0.5 \text{ Ca(OH)}_2 \longrightarrow 1 \text{ H}_2\text{O} + 0.5 \text{ CaCl}_2$$

Una vez más, esta es solo una representación simplificada. A continuación se encuentra la versión completa:

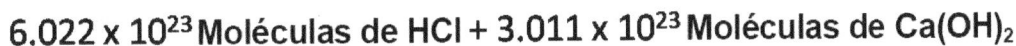

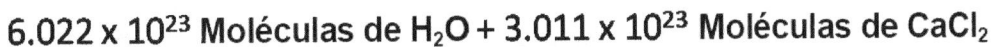

6.022 x 10^{23} Moléculas de HCl + 3.011 x 10^{23} Moléculas de $Ca(OH)_2$

$$\downarrow$$

6.022 x 10^{23} Moléculas de H_2O + 3.011 x 10^{23} Moléculas de $CaCl_2$

Resulta muy práctico cuando tienes que intentar averiguar cuántos gramos de base requieres para realizar tu reacción. Para este ejemplo, utilizaremos $Ca(OH)_2$ como base. Puedes utilizar tus herramientas de conversión para esto, si necesitas 0,5 moles de $Ca(OH)_2$, entonces:

$$0.5 \text{ mole Ca(OH)}_2 \times \frac{74 \text{ g Ca(OH)}_2}{1 \text{ mole Ca(OH)}_2} = 37 \text{ g Ca(OH)}_2$$

Entonces, ahora puedes pesar 37g de $Ca(OH)_2$ y mezclarlos con la solución de HCl; la mezcla forma una nueva solución de $CaCl_2$ y agua. Esta solución completamente neutralizada es segura y no dañará tu piel. Sin embargo, este tipo de reacción libera energía debido a que el ácido y la base tienen alta energía, pero los productos que forman después de reaccionar son bajos en energía. El exceso de energía se libera en forma de calor. Esto se denomina una reacción *exotérmica* (a diferencia de una reacción *endotérmica*, que requiere calor para reaccionar). Algunas reacciones liberan tanta energía que se transforman en un problema para la seguridad.

Toma algún tiempo antes de que todas las moléculas se encuentren en la mezcla y terminen de reaccionar. Si se libera calor suficiente, el ácido o la base pueden llegar a hervir o salpicar cuando las soluciones recién se mezclan, debido a la gran cantidad de calor que se libera. Por este motivo, siempre se deben mezclar lentamente las sustancias químicas muy reactivas en el laboratorio. Hay muchas reacciones que se demoran en finalizar (incluso, puede llegar a algunos días).

De hecho, muchas veces no todas las moléculas reactivas llegan a encontrarse en la solución. Cuando se lleva a cabo una reacción en el laboratorio, lo habitual es calcular la cantidad de producto esperada y luego, una vez que finaliza la reacción, calcular el porcentaje de producción. Esto se realiza al dividir el peso real por el peso esperado y multiplicar por 100 %. Para este ejemplo, nuestro cálculo debería mostrar que esperamos obtener 55,5 gramos de $CaCl_2$ (el peso molecular de $CaCl_2$ es 111 g/mol). Si en realidad obtenemos 35 gramos de $CaCl_2$, debemos calcular el porcentaje de producción de la siguiente manera:

(35g $CaCl_2$ reales/55,5g $CaCl_2$ esperados) x 100% = **63 % de producción**

Este es un cálculo muy común que encontrarás en repetidas ocasiones en tus ejercicios de laboratorio.

Capítulo doce: Preguntas de repaso

1. ¿Por qué un ácido fuerte como el HCl se vuelve seguro después de reaccionar con una base NaOH o $Ca(OH)_2$?

    _____

    _____

    _____

2. ¿Esta reacción libera calor? ¿Por qué o por qué no?

    _____

    _____

    _____

3. ¿Cuántos iones OH^- hay en 0,5 mol de $Ca(OH)_2$?

    _____

    _____

    _____

4. ¿Puede llegar a ser peligroso mezclar ácidos y bases? ¿Por qué?

    _____

    _____

    _____

Epílogo

Si vas a estudiar química este año, espero que este libro te sea útil. Del mismo modo, espero que puedas disfrutar las partes entretenidas de la química sin que tengas que esforzarte demasiado para mantener el ritmo, ya que a menudo las clases avanzan más rápido de lo que podemos asimilar los conceptos. Cuando te atrasas en química, se hace cada vez más difícil ponerse al día, ya que cada concepto se basa en los conceptos que se han estudiado anteriormente. Te invito a que aproveches tu tiempo para resolver todos los problemas que te asignen y que te acostumbres a equivocarte en clases y en casa, de modo que no te suceda lo mismo en las pruebas. Que tengas algunas dificultades con esta materia no significa que no puedas aprenderla; es solo que la química es muy compleja y toma tiempo asimilarla. ¡Buena suerte!

Para comunicarse con la autora

Me encantaría que me comentes si te gustó o no este libro. Puedes publicar comentarios en el sitio web si lo compraste en línea, enviar tus sugerencias directamente por correo electrónico al comments@tuxedopublishing.com o bien, visitar la página de "Contacto" de www.tuxedopublishing.com y especificar el título del libro. ¡Muchas gracias!

Apéndice

Otras lecturas recomendadas:

Cuando hayas terminado de leer este libro, probablemente estarás preparado para trabajar en algunos problemas que te enseñan la química en mayor profundidad. Uno de estos libros puede ser de ayuda:

1. *Chemistry: Concepts and Problems: A Self-Teaching Guide*, por Clifford Houk.

2. *Chemistry for Dummies*, por John T. Moore.

3. *Basic Concepts of Chemistry*, por Alan Sherman, Sharon Sherman y Leonard Russikoff.

4. *Chemistry the Easy Way*, por Joseph Maschetta (publicado por Barron's).

5. *Asimov on Chemistry*, por Isaac Asimov. Este libro ya no se publica, pero todavía es posible encontrarlo en algunas bibliotecas. Es una recopilación de ensayos de química escritos de una manera fácil de entender y ofrece un conocimiento más profundo del contexto histórico de los conceptos de química que has visto en este libro.

Otra opción, es que tomes una clase. Esta es una posibilidad:

http://www.chemistrysurvival.com/

No puedo corroborar la calidad de estos libros o cursos; solo los presento como opciones posibles.

Abreviaturas

atm: atmósfera, una medición de presión; 1 atm es la presión atmosférica a nivel del mar

C: Celsius

cm: centímetro

cm³: centímetro cúbico (equivalente a un mL)

CN⁻: ión cianuro

H⁺: ión hidrógeno positivo, también se conoce como protón

HCl: cloruro de hidrógeno; cuando se disuelve en agua forma ácido clorhídrico

HCN: cianuro de hidrógeno

K: Kelvin

L: litro

mL: mililitro

n: número de moles

P: presión

pH: medida de la acidez de una solución; probablemente quiere decir "potencial de hidrógeno"

R: la constante del gas, 8,314 J/(mol K)

T: temperatura

TPE: temperatura y presión estándar (273K y presión de un 1 atm)

V: volumen

Glosario

Ácido de Brønsted-Lowry: una sustancia que se ioniza en solución para producir más protones (iones H^+) de los que se pueden encontrar en el agua neutra.

Ácido clorhídrico: HCl, un ácido fuerte que se utiliza en forma industrial para reducción de minerales, procesamiento de alimentos y limpieza de metales. Está presente en pequeñas cantidades en el estómago.

Ácido fuerte: un ácido que se disocia completamente en agua en H^+ y un anión, lo que le otorga un pH extremadamente bajo.

Ácido de Lewis: una molécula que puede aceptar un par de electrones.

Anión: un ión con carga negativa

Átomo: la parte indivisible más pequeña de una sustancia que aún conserva las mismas propiedades de esta sustancia.

Base de Brønsted-Lowry: una sustancia que se ioniza en solución para producir más iones hidróxido de los que se pueden encontrar en el agua neutra. También puede entenderse como una sustancia que acepta cationes hidrógeno (es decir, protones).

Base de Lewis: una molécula que puede donar un par de electrones.

Bicarbonato de sodio: $NaHCO_3$, también se conoce como bicarbonato.

Caloría: una unidad de calor que equivale a 4,1840 joules.

Capa de valencia: el grupo externo de electrones de un átomo que es capaz de combinarse con los electrones de la capa de valencia de otros átomos.

Catión: un ión con carga positiva.

Cifras significativas (cif. sig.): todos los dígitos de un número que indican precisión; la cantidad de cif. sig. depende de la precisión del método de medición que se utilice.

Dígitos significativos (dig. sig.): consulta Cifras significativas.

Dipolo: una situación donde los electrones compartidos por dos átomos se mueven cada vez más hacia uno de los átomos, causando una carga levemente positiva en el átomo con menos electrones y una carga levemente negativa en el átomo que acaba con más electrones.

Electrolito: una sustancia que se disocia en iones cuando se disuelve, para formar una solución que conduce la electricidad. Las soluciones electrolíticas son importantes en el cuerpo para la regulación del flujo de agua entre las células.

Electrón: partícula subatómica con carga negativa.

Endotérmica: una reacción química que absorbe calor del entorno.

Enlace: una atracción entre átomos

Enlace covalente: un enlace con uno o más pares de electrones compartidos.

Enlace iónico: un enlace entre dos iones de cargas opuestas, que se forma por la transferencia de uno o más electrones.

Enlace metálico: tipo de enlace químico entre átomos de un elemento metálico, en el cual electrones de valencia potencialmente móviles se comparten entre los átomos en una estructura cristalina. El movimiento de estos electrones de valencia a través de un cable crea electricidad.

Escala Kelvin: la escala que se utiliza en el trabajo científico para medir la temperatura. El tamaño de un grado Kelvin (K) es igual al de un grado Celsius (C), pero la escala Kelvin comienza en el cero absoluto en lugar del punto de congelación del agua. El punto de congelación del agua es igual a 273 K.

Escala de pH: una escala que expresa la concentración de cationes hidrógeno (H^+) en un formato simple. Una solución neutra tiene un pH de 7, una lectura del pH menor que 7 indica acidez; mayor que 7 indica .

Estequiometría: el cálculo de las cantidades de elementos o compuestos químicos que participan en reacciones.

Exotérmica: una reacción química que libera calor al entorno.

Gas noble: cualquiera de los gases químicamente inertes que se hallan en la columna del extremo derecho de la tabla periódica (es decir, helio (He), neón (Ne), etc.)

Hidrófilo: que adora el agua; se absorbe y disuelve fácilmente en agua.

Hidrófobo: que le teme al agua; tiene poca o ninguna afinidad con el agua ni es soluble en ella.

Hidróxido de calcio: $Ca(OH)_2$, una base (polvo blanco). Se utiliza principalmente en argamasas, yesos y cementos.

Hidróxido de sodio: NaOH, también se conoce como lejía, se utiliza en la fabricación de papel y jabón.

Ión hidróxido: OH^-; el ión que hace que una solución sea básica.

Joule: una unidad de calor que equivale a 0,239 calorías.

Ley de los gases ideales: ley que dice que el producto de la presión y el volumen de un mol de un gas ideal es igual al producto de la temperatura absoluta del gas y la constante universal de los gases; se representa por la ecuación PV = nRT.

Logaritmo: la potencia a la que un número base, como 10, se debe elevar para que iguale a un número determinado. En química, la base 10 es la que más se utiliza. Ejemplo: 3 es el logaritmo de 1000 en base 10 ($3 = \log_{10} 10^3$), a menudo solo se muestra como $3 = \log 10^3$.

Macro: en una escala muy grande.

Micro: en una escala extremadamente pequeña.

Modelo: una representación para mostrar la apariencia de algo que normalmente no se puede ver a simple vista. Ejemplo: el modelo de un átomo.

Modelo de Bohr: un modelo del átomo, que actualmente se considera obsoleto, que representa electrones que orbitan el núcleo como planetas alrededor del sol. Ocasionalmente, sigue utilizándose para presentarles los átomos a los estudiantes.

Mol: la masa en gramos de 6,022 x 10^{23} átomos, moléculas, iones u otras unidades elementales de una sustancia.

Molécula: dos o más átomos enlazados de manera muy resistente para formar una sustancia con propiedades homogéneas.

n: variable que representa el número de moles de un gas en la ecuación de la ley de los gases ideales.

Neutrón: partícula subatómica sin carga.

Núcleo: la parte con carga positiva de un átomo que está ubicada en su centro, compuesta de protones y neutrones. Gran parte de la masa de un átomo se encuentra en su núcleo, pero el núcleo solo abarca una pequeña fracción del volumen total del átomo.

Partícula subatómica: una partícula que conforma un átomo.

Presión (P): fuerza por unidad de área, que se ejerce contra una superficie.

Protón: partícula subatómica con carga positiva.

Química: el estudio de la composición y las propiedades de las sustancias.

R: constante del gas, 8,314 J/(mol K).

Regla del octeto: la tendencia de los átomos de querer tener ocho electrones en su capa externa (capa de valencia).

Simbiosis: la asociación de dos organismos vivos en una relación que a menudo beneficia a ambos (por ejemplo, algas y hongos que forman liquen).

Solubilidad: la capacidad de un sólido, líquido o gas para disolverse en un solvente y formar una solución.

Soluto: una sustancia disuelta en otra sustancia, forman una solución. Un ejemplo de un soluto es azúcar disuelta en agua.

Solvente: una sustancia, generalmente un líquido, capaz de disolver otra sustancia. Algunos ejemplos son agua, alcohol y benceno.

Tabla periódica: una tabla que organiza todos los elementos conocidos de modo que sus propiedades comunes se puedan ver más fácilmente.

Temperatura (T): una medición del calor, casi siempre se muestra en grados Kelvin (K) cuando se trata de problemas de química.

Unidades: etiquetas adjuntas a los números para indicar cantidades (por ejemplo, metros, gramos).

Vinagre: una solución diluida (3 %) de ácido acético.

Volumen (V): la cantidad de espacio que ocupa un gas, un líquido o un sólido.

Bibliografía

Atkins, P. and L. Jones. *Chemistry: Molecules, Matter, and Change.* 3rd Ed. New York: W.H. Freeman and Company, 1997.

Carey, F.A. and R. C. Atkins. *Organic Chemistry.* 2nd Ed. New York: McGraw Hill, Inc., 1992.

Dictionary.com Unabridged. Ubicación de la fuente: Random House, Inc., http://www.dictionary.reference.com. Fecha de consulta: 15 de noviembre, 2009.

Sobre el autor

Suzanne Lahl obtuvo su grado de licenciada en biología en la Universidad de Pensilvania el año 1990. Luego de trabajar como técnico de laboratorio para diversos laboratorios del sector ambiental y de farmacia, volvió a estudiar a tiempo completo en la escuela de posgrado para obtener su Doctorado en Química orgánica el año 2002. Durante este período, hizo clases de laboratorio de química introductoria y charlas, al igual que de laboratorio de química orgánica, a alumnos universitarios. También sirvió como ayudante de cátedra en la National Science Foundation (NSF) por un año, donde trabajó con profesores de enseñanza media para ayudarles a incorporar nuevas ideas científicas y matemáticas en la sala de clases. Durante los últimos tres años, ha participado en trabajos voluntarios de orientación para preadolescentes y adolescentes. Actualmente reside en Virginia y trabaja en un nuevo libro de orientación docente para estudiantes de la enseñanza secundaria. Es posible comunicarse con ella través del sitio web www. tuxedopublishing.com.

Índice

A

acidez X, 55–58
ácido conjugado 56
aniones 81
antisudorales VIII
átomo 12

B

base conjugada 56
Boyle, Robert 33

C

calculadora 21, 24, 27–31
caloría 76
cationes 80, 81
cianuro 79
cifra significativa 35, 36
    division 35, 36
    multiplicacion 35–37
    resta 35, 36
    suma 36
conversiones X, 38, 44, 47–52, 54

D

dígito significativo 35

E

electrones de valencia 74, 75, 77
endotérmica 86
enlaces VIII, 8, 9, 73, 76, 77, 79, 81, 82
    covalente 76, 77, 79
    hidrógeno 75, 79, 80
    iónico 76–78
    metálico 77, 80, 81
escala 10, 56, 57, 76, 77
espectrograma de masas 11
estructuras de puntos por electrones 74, 75
exotérmica 86

G

gases ideales X, 61, 62
gas noble 94

griegos 9, 10
grupo 11, 17, 81

H

hidrófilas 69–71
hidrófobos 69, 71

J

jabón VIII, 70, 71
joule 76

L

Lavoisier, Antoine 34
limpieza en seco 69–71

M

micro 8, 84
modelo 11, 12–14, 75
molaridad 41, 43, 44
molécula X, 4, 8–15, 21, 22, 42, 43, 56, 61–66, 69–76, 80, 84, 86
moles VIII, X, 17, 43, 52, 57, 61, 62, 64, 66, 84, 85

N

notación científica X, 4, 22, 24, 27, 30, 38
notación científica IX, 21, 28
número atómico 17

P

papel aluminio 9, 10, 42
par de electrones 56
período 17
peso atómico 17, 55
pH 56–58
plástico VII, 7–9
porcentaje de producción 86
presión 43, 62–66
problema de química 2, 28
problemas VI, IX, 1–4, 24, 38, 48, 52, 53, 58, 62, 89

propiedades cualitativas 34
protón 55, 56

Q

química V–XI, 1–3, 7–9, 17, 21, 24, 27, 28,
33–35, 41, 43, 44, 47–49, 52, 53, 56, 58,
61–63, 66, 70, 73, 75, 76, 79, 80–84, 86

R

reacciones VIII, 43, 58, 66, 76, 77, 83, 84, 86
redondeo 37
regla 34–37, 74, 75
regla del octeto 74, 75

S

sistema 34, 50, 61, 62, 64
solubilidad X, 71
soluto 43
solvente X, 43, 70, 71

T

tareas 1–3
temperatura 9, 43, 61, 62, 64–66, 76
TPE 43

U

unidades VIII, X, 37, 44, 48–53, 76

V

volumen 42, 61–66
VSEPR 75

www.ingramcontent.com/pod-product-compliance
Lightning Source LLC
Chambersburg PA
CBHW051348200326
41521CB00014B/2518